走进化学世界丛书

化学世界之谜

HUAXUE SHIJIE ZHIMI

本书编写组◎编

○图文并茂
○主题热门
○创意新颖

ZOUJIN HUAXUE SHIJIE CONGSHU

世界图书出版公司
广州·北京·上海·西安

图书在版编目（CIP）数据

化学世界之谜 /《化学世界之谜》编写组编著. —
广州：广东世界图书出版公司，2010. 2（2024.2 重印）
ISBN 978 - 7 - 5100 - 1630 - 1

Ⅰ. ①化… Ⅱ. ①化… Ⅲ. ①化学 - 青少年读物
Ⅳ. ①O6 - 49

中国版本图书馆 CIP 数据核字（2010）第 024719 号

书　　名	化学世界之谜 HUAXUE SHIJIE ZHIMI
编　　者	《化学世界之谜》编写组
责任编辑	程　静
装帧设计	三棵树设计工作组
出版发行	世界图书出版有限公司　世界图书出版广东有限公司
地　　址	广州市海珠区新港西路大江冲 25 号
邮　　编	510300
电　　话	020-84452179
网　　址	http://www.gdst.com.cn
邮　　箱	wpc_gdst@163.com
经　　销	新华书店
印　　刷	唐山富达印务有限公司
开　　本	787mm × 1092mm　1/16
印　　张	10
字　　数	120 千字
版　　次	2010 年 2 月第 1 版　2024 年 2 月第 11 次印刷
国际书号	ISBN　978-7-5100-1630-1
定　　价	48.00 元

前 言
QIAN YAN

大千世界，变化万千。

翩然走进化学的殿堂，不禁惊讶不已，变化无穷的化学世界是那样的奇妙。

化学是一门研究物质的组成、结构、性质以及变化规律的自然科学，它与人类进步和社会发展的关系非常密切。我们通过化学知识的学习能进一步认识自然、适应自然、改造自然、保护自然。

世界是由物质组成的，化学则是人类用以认识和改造物质世界的主要方法和手段之一，它是一门历史悠久而又富有活力的学科，它的成就是社会文明的重要标志。

从开始用火的原始社会，到使用各种人造物质的现代社会，人类都在享用化学成果。人类的生活能够不断提高和改善，化学的贡献在其中占据了重要的地位。

化学是重要的基础科学之一，在与物理学、生物学、自然地理学、天文学等学科的相互渗透中，推动了其他学科和技术的发展。例如，核酸化学的研究成果使今天的生物学从细胞水平提高到分子水平，建立了分子生物学；对地球、月球和其他星体的化学成分的分析，得出了元素分布的规律，发现了星际空间有简单化合物的存在，为天体演化和现代宇宙学提供了实验数据，还丰富了自然辩证法的内容。

我们的衣、食、住、行、医疗药物和家庭用品等基本需要，无一不与化学有关。

① 衣服方面，如人造纤维、尼龙、的确良等衣料大部分都是石油提炼成的化学品制成。

② 食物方面，如化学杀虫剂和肥料的发明，增加了粮食的产量；把一些化学剂加进食品里，可改善食物的味道和气味；煮食用的燃料如石油气和煤气均是石油工业提炼成的副产品。

③ 住屋方面，建筑材料如三合土（水泥）、钢筋、瓷砖、玻璃、铝和塑胶等均来自化学工业的制成品。

④ 交通方面，如飞机、轮船和汽车等交通工具所用的燃料均是石油工业提炼成的副产品；飞机机身是由特殊的合金制造的。

⑤ 医疗药物方面，用化学方法制成的药物，增强了我们抵抗疾病的能力，令全球因疾病致死的死亡率降低，使人类的平均寿命增长。

⑥ 家庭用品方面，如塑胶用具均是利用石油工业提炼成的副产品加工制成；煮食锅和刀叉等金属用具均是利用化学方法从地壳内的矿石提取出来的金属经加工而成的；漂白水和清洁剂等家居化学品均来自化学工业的制成品。

凡事有利也有弊，化学给我们带来益处的同时也带给我们一定的负面影响，诸如环境污染、大气酸化等。

如何让化学为我们服务，化不利为有利是个值得探索的问题，那么，现在就让我们进入化学世界寻找问题的答案吧！

目 录
CONTENTS

八仙过海，各显神通

门捷列夫与元素周期表

奇特的试验发现

生活中的化学之谜

气体元素之谜

工业生产中的元素之谜

生物的化学之谜

离奇神秘事件之谜
LIQISHENMISHIJIANZHIMI

敦煌艺术品为何鲜艳依旧

敦煌壁画中的千手观音

敦煌石窟以其壁画、塑像闻名于世，而颜料使得石窟艺术更加绚丽多彩。敦煌石窟不仅是世界上伟大的艺术宝库，还是一座丰富的颜料标本博物馆。丰富多彩的敦煌石窟艺术宝库中，为我们保存了古代千百年间十余个朝代的大量彩绘艺术的颜料样品，是研究我国古代颜料发展史的重要资料。敦煌石窟的壁画在世界上是独一无二的。这些经历了千百年的壁画，至今仍然光彩鲜艳，金碧辉煌。各种颜料历经千百年自然演变的情况在画面上得到了真实的反映。它们的耐光、耐磨、耐久等性能在这座特殊的天然实验室中得到了经久的考验。可是为什么时间漫漫，颜色却鲜艳依旧？

面对这样的谜题，也为了让更多的艺术美流传下去，许多学者开始了艰辛的寻觅之旅。

根据国内外对敦煌石窟艺术所用颜料的分析可知，这里的颜料大体可分为无机颜料、有机颜料和非颜料物质 3 种类型。无机颜料中的红色有朱砂、铅丹、雄黄、绛矾；黄色有雌黄、密陀僧；绿色有石绿、铜绿；蓝色有青金石、群青、蓝铜矿；白色有铅粉、白垩、石膏、熟石膏（又称半水石膏）氧化锌、云母；黑色主要是墨。此外，壁画、彩塑上还应用了金箔、金粉。有机颜料红色有胭脂（红花提取物）；黄色有藤黄；蓝色有

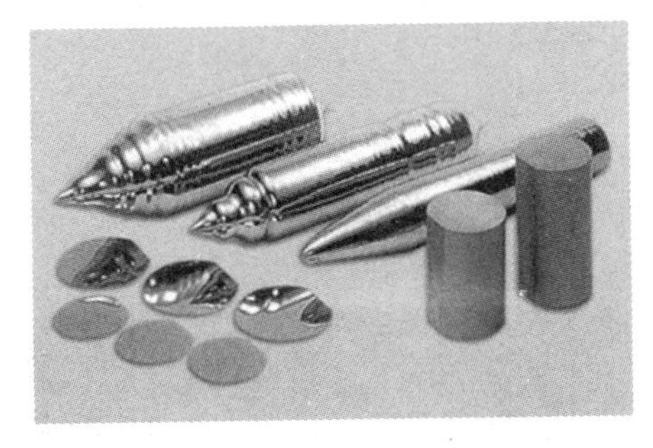

可用作颜料的硅

有机蓝（靛蓝）。非颜料的矿物质以白色为多，如高岭石、滑石、石英、白云石，还有碳酸钙镁石、角铅矿、氯铅矿、硫酸铅矿等，都是古代富有经验的民间画工因地制宜挑选来做颜料代用品的。其中滑石是含镁的水合硅酸盐，叶蛇纹石是一种镁的含水硅酸盐，化学成分是 Mg[(OH)SiO(OH)]或 MgSiO(OH)。敦煌石窟主要颜料的应用比阿富汗著名的巴米羊石窟，印度的阿旃陀石窟，中国新疆库车的克孜尔石窟、吐鲁番的伯孜克里克石窟，甘肃炳灵寺、麦积山石窟，山西大同云冈石窟等大量石窟寺庙彩绘艺术所用颜料都多。比同时期的全国各地的墓室壁画、画像砖所用的颜料更多。比中国古代绘画论著记载、绘画作品使用的颜料更丰富。

在所应用的 30 多种颜料中，其中个别颜料在绘画中是很早就使用的，并且史料没有记载。例如：青金石、密陀僧、绛矾、铜绿、雌黄、雄黄、云母粉、叶蛇纹石、石膏等颜料的使用等等。所有这些都反映出我国古代在化学工艺方面长期居于世界领先地位。

※青金石

青金石是中国古老的传统玉石之一。青金石因其“色相如天”（亦称“帝青色”或“宝青色”），很受中外帝王的器重。所以，在中国古代多被用来制作皇室的各种玉器工艺品。由于青金石具有美丽的天蓝色，所以，我国古代

青金石颜料

很早就把它作为彩绘用的蓝色颜料。而敦煌石窟是应用青金石颜料时间最长、用量最多的地点之一。在北朝至元的石窟壁画、彩塑艺术中都应用了青金石颜料。世界上只有阿富汗等几个国家出产青金石，截至目前，在中国还没发现有青金石的矿产资源。

※绿盐和铜绿

我国史书中记载了2种含铜化合物：绿盐和铜绿，其化学成分是氯化铜（$CuCl_2 \cdot 2H_2O$）。绿盐又名盐绿，最早是西北新疆等地少数民族的地方特产。较早记载绿盐制备方法的是唐代医学家苏敬的《新修本草》。五代李珣的《海药本草》曰：“绿盐，出波斯国，生石上，舶上将来谓之石绿，装色久而不变。中国以铜、醋造者，不堪入药，色也不久”。由于古代文献中“绿盐”、“盐绿”常与矿物颜料相关，而且形状、颜色的描述都以扁青、空青为例，甚至干脆称为“石绿”，所以，古代“绿盐”、“盐绿”除了作为医药、炼丹药物等外，也作为彩绘绿色颜料应用。

据目前的科学分析结果可知，以氯铜矿、水氯铜矿作为绿色颜料使用以我国西北地区为最早，应用最广泛的是甘肃河西走廊各地石窟和墓室彩绘壁画。敦煌石窟（包括莫高窟、西千佛洞、安西榆林窟、东千佛洞等）应用的时间最长，用量最多。从北凉（397－439年）到元代千余年间一直应用。

※黄　丹

古代所利用的铅化合物中有两种叫做“黄丹”的铅氧化物，那就是红色的Pb_3O_4（四氧化三铅）和黄色的PbO（氧化铅）。在古代的炼丹、医药本草及其他著作中还有“密陀僧”等不同的名称。唐代著名炼丹家张九垓《金石灵砂论》中最早明确了密陀僧与铅的关系：“铅者黑铅也，……可作黄丹、胡粉、密陀僧。”经对莫高窟最早的7个北凉时期的洞窟颜料进行分析，其中在北凉268、272的4个颜料样品中分析出PbO，而且这4个样品都是单一的PbO，没有Pb_3O_4及其他红色颜料混入。由此可知，在我国黄丹作为壁画颜料的应用，最迟不会晚于3世纪。到了唐代，密陀僧作为绘画颜料已很普遍。在敦煌莫高窟盛唐205窟壁画中也发现有此颜料。我国古代有近30种文献记载了关于敦煌一带（瓜、沙二州）出产黄矾、绿矾、绛矾、金星矾（铁矾）的情况。绛矾可由绿矾焙烧制得。绿矾在空气中经大火焙烧，析出结晶水的同时会被空气氧化成为红色，驱尽其中水分后，即成为棕红色犹如黄丹的粉末，古时称为绛矾。北宋苏颂编撰的《图经本草》记载了鉴别绿矾的方法。绛矾不仅是名贵的药品、炼丹的原料，而且也是自唐以来在敦煌石窟壁画、彩塑中使用的红色颜料。

※云　母

在敦煌石窟壁画中所用的颜料中，云母也是值得一提的。敦煌莫高窟中唐112窟，是个仅几平方米的方形小窟，

敦煌壁画“反弹琵琶”

著名的“反弹琵琶”壁画就绘于此窟南壁。这个窟不仅在绘画艺术上显现了唐代敦煌壁画的一流水平，而且颜料的应用上也达到了绝妙的程度。这个洞窟所用的银白色颜料闪光发亮，经X射线衍射分析得知，这种银光闪烁的白色颜料是很纯的天然片状白云母，细碎的鳞片在画面上显色效果极佳。莫高窟晚唐12窟壁画中也有银白色云母颜料，但杂质含量较高，粒子粗，显色效果差，此外，在其他一些洞窟中也有云母作白色颜料的。敦煌鸣沙山和莫高窟的崖岩砂石中常可见到云母，莫高窟南面不远处水沟坡中还有天然云母矿，古代民间画工是就地取材加工使用的。从史料可知，我国古代炼丹大师在汉代已有制取云母粉的先进方法。东汉、隋、唐炼丹著作中，都有关于制云母粉方法的记载。在敦煌一带也有人制备云母粉，由于这种技术当时还掌握在少数炼丹家手中，他们保守严密，使这一先进制作方法未能很好地推广和流传，所以云母粉在莫高窟112窟的出现只能是昙花一现，很快就消失了。而一般加工的云母粉作颜料效果不好，所以唐代之后壁画中不再应用。

黑兽口湖献“宝”之谜

在俄罗斯里海附近的沙漠中，有一个名字很奇特的湖——黑兽口湖。人们怎么会给它起这么个怪名字呢？原来，这个湖与里海之间有一条狭窄的通道相连，每天不断地吞饮着里海的海水。多少年过去了，它却总喝不饱，真好像神话中说的“无底洞”一样。随着狭窄的通道，鱼也进入湖中。奇怪的是，鱼一到湖中，就会翻过肚皮，不断挣扎着被波浪涌上湖岸。谁也说不清楚这是怎么回事。

不过，黑兽口湖对人却很“仁慈”，尤其是对那些不会游泳的人。在这里，会游泳的和不会游泳的，它都一律对待，决不会吞没你，尽可放心大胆地跳进湖中，用你所喜欢的任何一种姿势游泳。假如你游累了，还可

躺在湖面上休息，甚至可以躺在上面看书呢。但是，如果你要想潜到湖下去，却十分困难，湖水总要把你托上湖面，好像怕你潜入湖底偷走它的珍宝似的。

湖中确实有宝，得到它也不困难，你只要冬天来就行了。那时，湖水会通过波浪将宝奉献，令你装不胜装。而你

芒硝组图

如果在夏天来，则什么也得不到，只好空手而归。

湖中的宝贝是什么呢？它是一种白色固体，样子跟食盐差不多。但你若是真的把它当做食盐放到菜里，那可就糟了。吃菜的人不仅会叫苦不迭，而且还会大泻不止，就像吃了过量的泻药。其实，这种东西本身就是一种泻药，它的名字叫“芒硝”，化学名称是“十水硫酸钠”，分子式 $Na_2SO_4 \cdot 10H_2O$。在中药中，它又叫朴硝或皮硝，虽不是正牌的泻盐（西药中泻盐为七水硫酸镁 $MgSO_4 \cdot 7H_2O$），却是与泻盐同属“盐类泻药”，而且是“资格”更老的泻剂和解毒剂。

黑兽口湖在很长的历史时期中，是俄罗斯的一个重要芒硝产地，它的三个怪脾气（1. 不断喝水；2. 鱼在湖中不能生存，而人却能浮在水面上；3. 每年冬天献宝）完全是它特殊的地质地理条件所造成的。你能根据你所学过的地理和化学知识，来解开黑兽口湖的这三个谜吗？

提示：

1. 黑兽口湖周围都是沙漠，湖水很浅但湖面辽阔，日照充分。

2. 这里冬夏两季温差很大，冬季水温 5℃左右。

3. 食盐和芒硝溶解度（克）数据为：

	NaCl	$Na_2SO_4 \cdot 10H_2O$
0℃	35.7	5
20℃	36	19.4
30℃	36.3	40.8

答案：

1. 因湖被沙漠包围，水浅而面广，在强烈的日照条件下蒸发很快，所以要不断从里海吞水来补充。

2. 湖水不断蒸发，使湖水中含盐量提高，浓度增大，使鱼类无法适应而死亡；正因为浓度大，密度高，所以人在湖中不容易下沉。

芒　硝

3. 夏天，湖水温度较高，食盐和芒硝溶解度都大，所以不会从湖水中析出；冬天，水温下降，食盐溶解度变化极小，故食盐不能析出，而芒硝溶解度则急剧变小，从而使芒硝大量析出，献出“宝”来。

百慕大杀手是谁

在美国南部佛罗里达半岛东面的大西洋中，有一百慕大群岛。它与南方的古巴、牙买加和波多黎各连接起来，组成一个边长约 2000 千米的巨大三角形海区，这就是著名的百慕大三角。几十多年来，进入海区的轮船以及飞入上方的飞机都神秘失踪。杀手是谁，成为世界之谜。原来，几百万年的地球进化史，使百慕大三角区海床积有大量动植物尸体和沉船遗物等有机物质，这些有机物质不可避免要腐烂、变质、发酵，形成大面积的甲烷气体，在深海兼高压条件下，结晶形成“可燃冰”。在海底“可燃冰”溶化释放大量甲烷气的过程中，可导致其所在海域的海水不断翻腾，形成巨大面积的气泡阵，而这些气泡窜腾升空后又会形成这一海域上空巨大云雾状气团。当轮船经过这种一阵阵间歇不定变化的海域时，就注定了其将“死无葬身之地的命运”。因为这时海水

百慕大海区

中充满了甲烷气泡，从而使其密度下降，导致海水无法产生足够的浮力去承载船体重量，船只便注定了无法逃脱迅速下沉的悲惨结局。而飞机飞过此海域上空时，由于飞机机尾排出的灼热尾气引燃了不断喷涌上升的甲烷气，结果也导致了飞机难逃被烧毁焚灭的悲惨厄运。

[问答题]“可燃冰”又称“天然气水合物”，它是在海底的高压、低温条件下形成的，外观像冰。1 体积“可燃冰”可贮载 100～200 体积的天然气。下面关于“可燃冰”的叙述不正确的是（　　）

A. “可燃冰”有可能成为人类未来的重要能源

B. “可燃冰”是一种比较洁净的能源

C. “可燃冰”提供了水可能变成油的例证

D. “可燃冰”的主要可燃成分是甲烷

［答案］C

埃及金字塔杀人之谜

在埃及，大大小小的金字塔有七八十座之多，其中最大的一座是胡夫金字塔。该塔高约 146.5 米，共用了 230 万块巨石。人们一直存在种种疑问，这些石块是怎样开采、运送的，又是怎样堆砌的呢？科学家还发现，金字塔似乎具有一种神秘的力量，它作用于人体或其他物体，会产生某些奇异的效应。

胡夫金字塔

最初发现金字塔具有一种神秘力量的是法国人鲍比，他进入大金字塔里考察时，发现塔内温度较高，但残留于塔内的生物遗体却不腐烂，反而脱水变干，保存久远。因此，鲍比推测塔内可能有某种不可思议的力量在起作用。鲍比的发现引起许多学者的兴趣，美国加州大学派出科研人员前去考察。进入塔内之后，他们发现所携带的各种电子仪器几乎都失灵了。因此，他们推测塔内某处可能藏有巨大的磁石。意大利学者还发现长时间在塔内停留，会使人神经失调、意识模糊，甚至死亡。

［判断题］据报道，某些建筑材料会产生放射性同位素氡（222^{86}Rn），从而对人体产生伤害。“金字塔”杀人之谜据科学家初步探查，认为很可能是因为其中几乎全部充满了这种气体。该同位素原子的中子数和质子数之差是(　　)

A. 136　B. 50　C. 86　D. 222

［解释］质量数－质子数＝中子数，中子数＝222－86＝136，中子数与质子数只差 136－86，得数 50，故选 B。

［答案］B

古埃及金字塔全图

“哥伦比亚”号航天飞机为何失事

2003年1月16日，美国“哥伦比亚”号航天飞机从佛罗里达州肯尼迪航天中心发射升空，做为期16天的飞行。飞机在2月1日返回地面，“哥伦比亚”号完成它的第28次飞行，这也是美国航天飞机22年来的第113次飞行。因起飞时隔热泡沫塑料脱落撞坏机翼，返回地球时在天空中解体，7名宇航员在胜利前夕悲剧性殉职。“哥伦比亚”号在发射后不久，外部燃料箱一块绝缘泡沫碎块就曾发生脱落，这一直被猜测是造成航天飞机解体坠毁的“罪魁祸首”。

“哥伦比亚”号航天飞机

［问答题］2003年1月16日，美国“哥伦比亚”号航天飞机发射升空，2月1日在返回地面前16分钟时与地面控制中心失去联系，后在德克萨斯州中北部地区上空解体坠毁，机上7名宇航员全部遇难，这一事件引起世界人民的广泛关注。事后调查表明，这一事件可能与“哥伦比亚”号上的隔热板脱落有关，已知航天飞机中用于抗高温的隔热板是由二氧化硅制成的。请回答下列问题：

（1）下列有关二氧化硅晶体的叙述正确的是（　　）

A. 属原子晶体

B. 属分子晶体

C. 属离子晶体

D. 导热性差

E. 化学性质稳定

F. 是良好的电的良导体

（2）SiO_2（氧化硅）与NaOH（氢氧化钠）溶液反应可生成Na_2SiO_3。向Na_2SiO_3溶液中通入足量的CO_2，有白色浑浊产生，写出Na_2SiO_3溶液与过量的CO_2反应的化学方程式。

［答案］（1）A，D，E（2）$Na_2SO_3+2CO_2+2H_2O=H_2SiO_3\downarrow+2NaHCO_3$

美国9.11事件后的化学污染之谜

美国“9·11”事件爆发后数周内，纽约曼哈顿的空气中一直弥漫着一种刺鼻的味道，让人难以忍受。然而，仍然有大量的办公人员在恐怖袭击后数周内，就回到了曼哈顿开始重新工作。在2001年年底，纽约的医生在检查时突然发现，曾参与世贸大楼

消防工作的1200人中有500多人血液中重金属含量超标。有人认为，世贸大楼在装修的时候使用了大量含汞灯泡。双子塔的灯泡数量至少有100万只。世贸大楼倒塌后，这些汞流了出来，造成大量污染。

与此同时，纽约市在2002年初突然出现近千人患上哮喘，而受害者还包括大量恢复上课的学生。远在世贸大楼5个街区之外的史蒂文森特中学内，许多老师和学生们也出现了眼部和呼吸道的疾病。在学校最初组织的集体医疗检查中，一些学生说："眼睛很蛰，老流泪，就好像切洋葱的感觉，有时咳嗽得很厉害。"医生认为，学生的这些疾病与曼哈顿空气中的粉尘含量过高有直接关系。

［问答题］美国"9·11"恐怖袭击事件给纽约带来了一场严重的环境灾难——石棉污染，使吸入石棉纤维者易患肺癌。已知石棉是硅酸盐矿物，某种石棉的化学式可表示为：$Ca_2MgXSiYO_{22}(OH)_2$，X，Y的值分别为（　　）

A8，3　B5，8　C3，8　D5，5

［答案］B

木乃伊千年不腐之谜

利用天然化合物保存下来的人类遗迹木乃伊，是当时化学能力超凡的一种象征。古埃及人谨慎严密地守着这种木乃伊化学技术的秘密，除了希腊、罗马历史学家的二手报告外，没有任何有关此技术的手稿留存下来；而由于法律将木乃伊视为稀有历史文物、人类遗迹进行保护，以至于任何有关其技术的研究资讯也非常罕见。

埃及法老的木乃伊真身像

此前，《自然》期刊刊出了一项木乃伊的研究成果——英国布里斯托（Bristol）大学的Stephen Buckley及Richard Evershed两位科学家首度利用气相层析及质谱仪这种现代分析化学手段对不同年代的木乃伊们进行研究，他们表示法老王的后人是以大量的油、蜂蜡、松脂作为防腐的材料。

这两个科学家研究了13具西元前1985年（第12埃及王朝）到西元前30年（罗马时代）的木乃伊，以追踪防腐剂种类的变迁。他们发现许多会风干的油，且这种油的使用是非常普遍的；在使用时它是液体状，过一段时间后就自行聚合、硬化。防腐物质似乎就是利用这些油作为密封剂，以避免水气渗入。藉由这些防水的包覆，就能保护处在地面下的木乃伊免受潮湿侵袭。

胡夫金字塔前的狮身人面像

神秘的金字塔

另外，他们也发现松脂、蜂蜡的重要性与日俱增。研究发现了珍贵松脂的踪迹，虽然松脂大概也包含了一些精神上或宗教、文化上的重要性，但现在知道它能减缓微生物的分解作用，具有天然抗菌剂的功能，所以它最有可能作为防腐剂。而蜂蜡只出现在晚期的木乃伊身上，在它的抗菌能力被看中之时，它可能也更加频繁被运用上，同时它也能作为密封剂，而这可能不只是个巧合，因为“蜡”在古埃及语中就是“沉默”的意思。

防腐材料的变异可能是经济状况造成的结果（材料的取得及花费）、时尚风气的改变或特别的防腐指导方针。美国伊利诺伊州大学的考古学家Sarah Wisseman说，如同现今的情况，丧葬时的一切手续都得循着家族的章法，防腐剂混合涂料的变异能提供给我们关于

古埃及人经济状况的重要资讯，而随时代变迁而异的防腐技术可能也可以反应出过去商队路线的迁移。

这项研究显示古埃及人使用的防腐剂材质多样性远多于早先的报告。一位荷兰 FOM 原子分子物理协会的化学家 JaapBoon 认为，这项研究将会令考古学家与埃及古物学者的双眼为之一亮。

现代的化学分析方法仅需极少的样品就能进行分析，对这些极珍贵的木乃伊也只会造成极轻微的损害。也因此，Wisseman 说，全球拥有木乃伊馆藏的博物馆馆长们对此应感到非常兴奋才是（一则可维护木乃伊的完整，一则能解开木乃伊的谜）。而布里斯托的研究者希望以此研究说服其他有木乃伊馆藏的馆长们，在未来也能让他们取得木乃伊的样本继续进行研究。

拿破仑死因不明

法国著名的军事家拿破仑生前曾在战场上指挥千军万马，立下了赫赫战功，可谓风云一时，但是关于他的死因，在历史上却一直是个谜。

近一个多世纪以来，世界各国舆论对拿破仑之死众说纷纭。当时法国官方的死亡报告书鉴定为死于胃溃疡，而有人却认为他死于政治谋杀，更有人论证他是在桃色事件中被情敌所谋害。

近年来，英国的科学家、历史学家运用了现代科技手段，采集了拿破仑的头发，并对其成分及含量进行了分析。同时，他们又实地调查了当时滑铁卢战役失败后放逐拿破仑的圣赫勒拿岛，并获得了当年囚禁拿破仑房间中的墙纸。经过研究，英国科学家发表了一个分析报告，宣布杀死拿破仑的“凶手”是砒霜。

砒霜的学名叫三氧化二砷，是一种可以经过空气、水、食物等途径进入人体的剧毒物。拿破仑死前并没有吃过砒霜，也没有人用砒霜谋害过他（因为食用砒霜会立即死亡，而拿破仑是在囚禁过程中生病死的），因此，当英国科学家在宣布这个结论时，人们都感到十分意外。

那么，砒霜是如何使拿破仑中毒并死亡的呢？原来，当年囚禁拿破仑的房间里，四周墙壁上贴着含有砒霜成分的墙纸。在阴暗潮湿的环境下，墙纸会产生一种含有高浓度砷化物的气体，致使这间屋子里的空气受到污染。日积月累，年复一年，终于使拿破仑患慢性砷中毒而死亡。

英国法医研究所在化验拿破仑的头发时，发现在他的头发中，砷的含量已超过正常人的 13 倍。另据当年的监狱看守人记录“拿破仑在生命的最后阶段，头发脱落，牙齿都露出了齿龈，脸色灰白，双脚浮肿，心脏剧烈跳动而死去”，这种症状完全类似于砷中毒的症状。因此，对拿破仑是死于砷中毒的结论就容易理解了。

“绿宝石”之谜

“LUBAOSHI” ZHIMI

稀有金属铍的矿石叫做绿柱石，又叫绿宝石。

绿柱石

几何学揭开“绿宝石”出身之谜

法国化学家富尔克鲁瓦曾经十分感慨地说：“我们之所以能够发现铍，应该把大部分的功劳归于几何学。因为有了几何学，我们对铍才有所认识。可以这样说，假如没有几何学，恐怕再经过若干年代，也难以发现这种金属。”铍是一种化学元素，它的发现为什么要归功于几何学呢？话题还得从距今 200 多年前的一件事谈起。18 世纪末，法国有一位著名矿物学家，名叫阿维。一次，阿维在研究祖母绿和绿柱石这两种矿物时，发现它们晶体的几何结构完全相同。于是，阿维断定，祖母绿和绿柱石其实是同一种矿物，因为根据当时已经知道的结晶学面角守恒定律：几何结构相同的晶体，它们的化学组成也相同，也就是说，每种晶体都有自己独特的结构，如同人的指纹一样。

当然，以上结论只是阿维推断出来的，确认这一点还必须有实验的依据。为了保证实验准确无误，阿维决定请化学家来帮忙。他把祖母绿和绿柱石的标本寄给法国著名矿物化学专家沃克兰，只请他鉴定一下矿物的成分，其他什么也没说。阿维这么做，并不是不信任沃克兰，而是为了避免实验中受先入为主的观念影响。

沃克兰的分析结果很快就出来了。没错，祖母绿和绿柱石的化学组成确实是完全相同的，祖母绿实际上是绿柱石的一种。

阿维的推断得到了证实，但事情并没有到此为止。由于沃克兰的实验做得格外仔细，分析的项目也很多，在实验中他意外地发现：在绿柱石中，除了含已知的硅和氧化铝外，还有一种新物质。

1798 年 2 月，沃克兰在法国科学院宣布了自己的这一发现。他给这种新元素取名“铍”，铍是“绿柱石”的意思，这自然因为铍首先是从绿柱石中得到的。不过，沃克兰虽然宣布了自己的发现，但并未真正将铍分离出来。铍是在 30 年以后，由德国化学家韦勒于 1827－1828 年间分离出来的。这个应用几何原理发现化学元素的故事告诉我们：各门学科之间是有着许多内在联系的，因此，要提倡综合推理分析，这样可能会有更多的发现和发明！

通灵宝玉“显灵”之谜

古代中国人非常喜欢玉，他们把玉看成是“纯洁”、“美丽”的象征。说也奇怪，正像中国古时候有人相信“通灵宝玉”可以辟邪一样，外国古时候也有人迷信绿宝石的奇迹，流传着绿宝石能够治病，能够使人未卜先知这一类的说法。

但什么是宝玉呢？它怎么“显灵”呢？

据我国地质学家章鸿钊考证，我国古代称作“猫儿眼”的宝石，有时候就是指绿柱石。

当然，因为古时候没有化学分析和矿物鉴定，只看宝玉的外表，就难免把不同的矿石混为一谈。但是，我国的绿柱石矿至少在清代已经开采，可见铍的矿石——绿柱石早就被我国看做是宝玉了。

经过试验知道：稀有金属铍的矿石叫做绿柱石，又叫绿宝石，是宝玉的一种。

铍这种稀有金属很轻，密度不到钢铁的 1/4。

铍是一种又轻又强韧的银灰色金属，外表有点像铝，却比铝耐热，可以用来做原子能工业的结构材料。

今天，绿宝石真正出现了奇迹，这个奇迹是科学家发现的。原来从绿宝石中提炼出来的稀有金属铍，可以在原子能和火箭技术里大显神通。

铍青铜“百折不挠”之谜

谁都见过铜，并且知道铜比钢铁要软得多，但是只要在铜里加进2%的铍，铜的性质就会发生惊人的变化，变成强韧的合金，叫做“铍青铜”。铍青铜的抗拉强度要比普通的钢铁大几倍，并且弹性极好，真是“百折不挠”。用它来制造手表、精密仪表和航空仪表上的弹簧和零件，那是再好不过的了。所以，铍青铜在工业上有着广泛的用途。

铍青铜产品原件

除了铜铍合金以外，微量的铍也用来改善镁铝合金的性能。最近，人们正在研究用含铍合金制造宇宙飞船材料的可能性。铍非常轻，又比较耐高温。

铍的盐类还用来制造荧光灯。氧化铍是很好的特种耐火材料。

揭秘铍的冶炼

铍的性能优异，它的冶炼却是个十分棘手的问题。

首先，铍在冶炼过程中，除绿柱石以外，其他一切物料都有剧毒，就是所谓的“铍毒”。据研究，每立方米空气中只要有0.1%克铍的灰尘，就能够使人马上得急性肺炎，死亡率很高。如果长期在含有铍灰尘的空气中工作，那么，每立方米空气中哪怕只有十万分之五克铍，也能够使人得病。美国在建立原子能业的初期，因为操作不当，许多人中铍毒而亡。因此，生产铍必须采取特殊的安全措施：工厂一定要设在野外，附近必须划作铍毒区，不能住人。一切非工厂人员，没有经过检查不许进入铍毒区。工作人员必须定期检查身体，出入工厂要换衣服、淋浴。

工厂的一切设备都用罩子罩起来，为了避免灰尘飞扬，厂里不能扫地，只能用吸尘器或者用水冲洗。工厂的垃圾不能随便处理，要堆在指定地区或者用专门的船只运到海里倒掉。在医学上，铍毒还是一个谜，没有特效药，无法治疗。

其次，铍的冶炼过程十分复杂。绿柱石和石灰一起在电炉中熔化，流到水里急剧冷却，粉碎以后和硫酸作用，用水浸出硫酸铍。因为硫酸铍溶液里含有很多硫酸铝，还要加硫酸铵

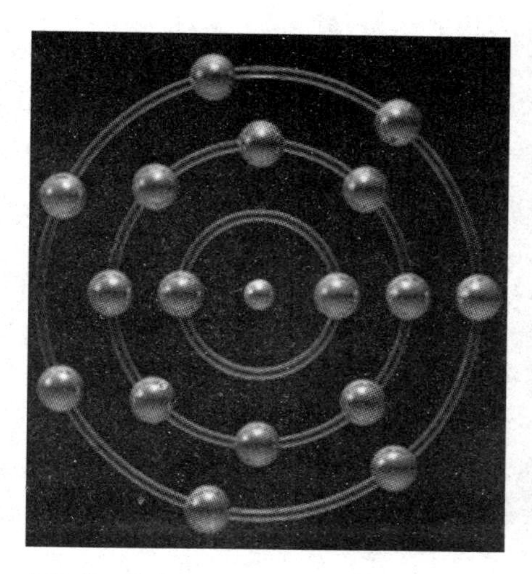

氟的分子结构图

除去铝，才能够结晶出硫酸铍。硫酸铍和氨水作用得到氢氧化铍，再和氟化氢铵作用制成氟化铍，氟化铍和镁作用制成金属铍。金属铍的价格比银还贵 8 倍多！

氧化铍（原件）

现在冶炼出来的铍很脆，这是什么原因呢？人们对这个问题有不同的看法。有人说，主要是因为铍里有少量杂质。如果这种说法是对的，那么高纯度的铍就不会有脆性了。因此，近年来有些科学家千方百计地制造极纯的铍，想看一看极纯的铍是不是有韧性。但有些人却认为，就是极纯的铍也还是有脆性的。总之，这还是一个谜。

因为铍在冶炼上存在着这样大的困难，有的冶金学家就称它是“冶金学上第一号头痛问题”。

原子锅炉也有外套

火车、汽车、飞机、轮船和潜水艇等现代化交通工具都有一个共同的缺点，就是要消耗大量的燃料。为了添加燃料，飞机飞行了一段时间以后一定要降落，轮船航行了一定距离就要靠岸，潜水艇在水底下的时间久了也必须浮出水面。

怎样才能解决这个问题呢？

如果采用原子核燃料，情况就会完全不同，轮船和潜水艇就能够长期不停地航行，飞机不用加油就可以做环球飞行。用原子能做宇宙飞船的燃料，对星际航行更是具有重大的意义。

但是，在交通工具中应用原子能却是个非常复杂的问题。原子锅炉的体积一般都很大，为了防止射线伤害人体，外面有很厚的防护层。要把这样一个庞然大物搬到飞机或者潜水艇上，可以想象有多么困难！

在飞机或者潜水艇上建立小型原子锅炉，仅是安装就面临2个困难。首先，它的射线容易散失到外面去，使锅炉里的原子核反应不容易维持。这正像烧煤的炉子如果太小，容易散热，燃烧也就不容易维持一样。其次，散射出来的射线还会损害驾驶员和乘客的健康。

人们终于找到了铍，请它来帮忙。氧化铍有一种宝贵的性质，它能够像镜子反射光线那样来反射原子锅炉里的射线，只要用氧化铍做成的砖头砌在原子锅炉外边，就像给原子锅炉穿上外套，射线想逃也逃不出来，一举解决了两个困难。现在，原子能已经应用在轮船和潜水艇上，至于在航空上和铁路、公路运输上应用原子能，还要解决许多科学技术问题以后才能实现。

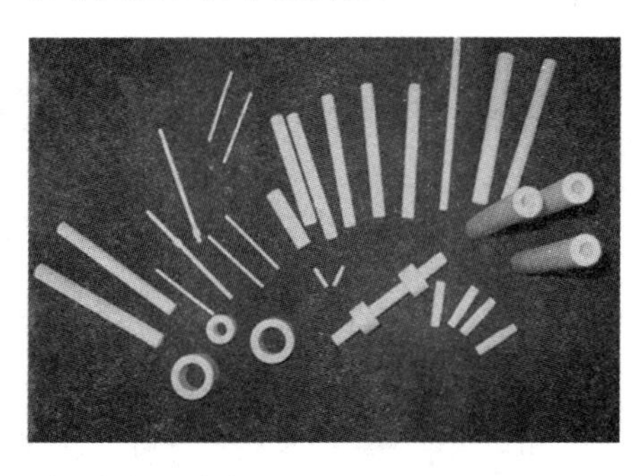

形状各异的铀棒

除了原子能交通工具外，地面上的原子锅炉也利用氧化铍做“反射体”，把中子射线反射回去，使链式反应顺利地进行下去。核燃料铀棒还要用金属铍做“外套”，因为它不吸收中子，又耐高热。

“人老珠黄”为何由

珍珠是人人尤其是女人喜爱的装饰珍品，然而，珍珠的色泽却远不如宝石或玉石稳定和持久。一般在存放几十年以后便会变成黄色，并失去迷人的珍珠光泽。这就是人们最担心的所谓的“人老珠黄”现象。

珍珠的化学成分主要为碳酸钙（约占总成分的92%），矿物成分是文石。珍珠是在蚌壳内由薄层文石叠聚而成，光线透过珍珠的薄层文石，便会反射出“珍珠光泽”。

但文石暴露在空气中时间一长，便会由表到里逐渐变成比较稳定的方解石。方解石的化学成分虽然也是碳酸钙，但其结晶形态和光泽有很大的变化，颜色也随之变黄。但变黄仅限于珍珠的表层，可用10%的稀盐酸将它稍稍浸泡一下，随着泡沫的产生，珍珠的黄色外壳被溶解，珍珠就可重放光彩。但切忌在稀盐酸中浸泡过久，以防珍珠受破坏。

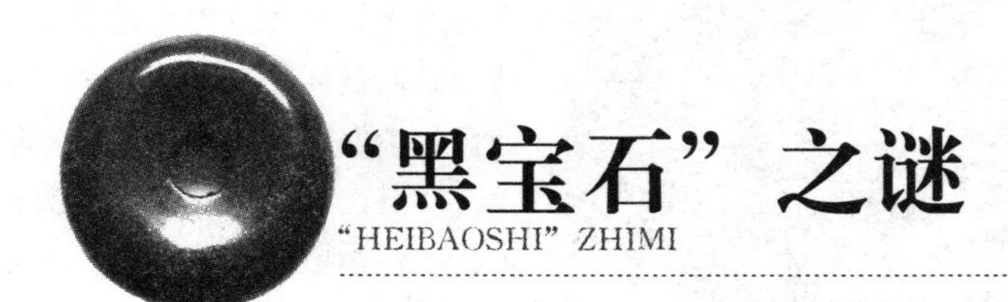

"黑宝石"之谜

"HEIBAOSHI" ZHIMI

黑石头为何被珍视

1801年的一天，在大英博物馆里，参观的人像往常一样，熙熙攘攘、川流不息。一位名叫哈切特的英国化学家，正站在一个不大的陈列柜前，出神地看着陈列柜中红色绒布上摆着的那块黝黑发亮的石头。

大英博物馆外貌图

"喂，哈切特先生！"

"啊，是馆长先生，您好！"

"什么东西如此吸引您啊？"馆长问。

"一块石头。请问，这是块什么石头？"

"嗯，不知道。它是别人捐送的，放在这里已经几十年了。"馆长说。

原来，这石头的主人是一个叫小温思罗普的人，他是17世纪中期美国康涅狄格州的第一任州长。小温思罗普喜欢研究化学和地质学，他有一个特别的爱好，就是搜集各种矿物标本。他常常只身走进深山用锤子敲敲打打，那些黑的、黄的、红的各种闪亮的石头，就像巨大的磁石吸引着他。

一次，小温思罗普在哥伦比亚的泉边，看到一块乌黑发亮的石头。他觉得这块石头十分可爱，便带回家收藏起来。

几十年过去了，小温思罗普去世后，那些珍贵的矿物标本便由他的孙子保存着。小孙子感到这块黑石头有些不一般，说不定是块宝物，便把它赠给了大英博物馆。

提炼后的铌粉

“既然您对它这样感兴趣，”馆长略微考虑了一下说：“那就把它送给您，说不定能从中发现点什么呢!”哈切特欣喜若狂，拿着石头直奔回自己的实验室。

不久，哈切特在分析这块矿石时，果真发现了一种新元素。他给元素取名钶，为纪念最早发现这石头的地方——美国的哥伦比亚。1801 年 11 月 26 日，哈切特在英国皇家学会宣布了这一发现。

铌的综合制成品

一块石头，在不同人的手中，命运竟是如此的不同。然而，这新元素并没有立即被科学界所承认，原因是钶与另一种元素钽的性质太相像了，大家都误认为它们是同一种元素。直到 1844 年，德国化学家罗泽终于区分开钶和钽。

这时，钶作为一种独立的元素才被承认。钶和钽的性质是如此的相似，以至于分开它们竟耗费了化学家们 40 多年的精力。由于这个缘故，罗泽决定给钶改名为“铌”。因为元素钽是以希腊神话中一位英雄坦塔拉斯来命名的，而坦塔拉斯的女儿叫尼奥勃，将钶改名为铌，象征着钽和铌的关系，就像父女一般亲密无间。铌可以制造高温金属陶瓷，这种陶瓷可以用来制造高空火箭和喷气发动机。

黑石头怎样进入人们生活

煤也是一种黑石头，它可以燃烧，这点我国劳动人民早在 2000 多年以前就知道了。

煤的火力既猛，又那么耐烧，这不是顶好的燃料吗?

1 千克煤完全燃烧时放出来的热量，如果全部加以利用，可以使 70 千克冰凉的水烧到开始沸腾。

煤有这么高的发热能力，矿物燃料里只有石油和天然气可以和它媲美。它的发热能力比木炭大 1/2 倍，比木柴高 1～3

倍；2 千克泥炭才抵得上 1 千克煤。

煤的这些热量，首先可以用来满足人们日常生活的需要。

人们随时随地都可以感觉到煤在为自己服务。可能你家住在城市，大多数城市里的居民都用煤球、煤砖、蜂窝煤以至煤气作燃料。煤球、煤砖、蜂窝煤和煤气都是煤的“孩子”。

煤气是用煤在煤气工厂里制造出来的。用煤气作燃料比直接烧煤具有更多的优点：便于储存、运输，使用方便，容易控制，清洁卫生，而且热能的利用效率也高。

煤球、煤砖、蜂窝煤等都是所谓的“成型煤”。煤球是椭圆形的球体；煤砖是长方形的；蜂窝煤成圆柱形，中间有 12 个上下贯穿的小孔。成型煤是用价值比较小的粉煤，掺和一种具有黏结性的黏结剂，比如黄土、石灰、石膏、水泥、水玻璃、沥青、造纸厂的纸浆废液等制成，这样可以代替块煤，节约煤炭，烧起来也比较方便。

假如你生活在祖国的北方，煤还可以用来生火取暖，帮助你更好地度过严寒的冬天。

一个五口之家，一个月就要烧掉几十千克煤。每年我国为了满足人民日常生活需要而烧用的煤量，总数达几千万吨。而且这个数字年年在增长。就拿我国农村来说吧，过去农村都用植物的茎、叶、秸秆等作燃料，这些东西不仅可以作牛、马、羊等牲畜的饲料，而且还是轻工业许多部门的原料。随着畜牧业和轻工业的不断发展，农村里可以用作燃料的植物的茎、叶、秸秆等越来越少，而煤的使用量必将越来越大。

目前我国的民用煤量，在全部煤炭销售量中约占 1/3，所以煤是我们极重要的生活资料之一。

煤为什么被称为“工业的粮食”

人活着要吃饭，工业维持“生命”也得有“粮食”。

煤就是工业的“粮食”。

这可是一个十分光荣的称号呢！煤是怎么得到这样光荣的称号的呢？

你也许听说过瓦特发明蒸汽机的故事。要知道，在蒸汽机发明以前，人们差不多都是凭着自己的体力或者依靠牲畜的力量来工作；水力、风力也用了一些，但很少很少。自从蒸汽机发明以后，人们就开始使用强有力的机器来帮忙干活了。

蒸汽机把手工操作推进到大机器生产，从而促成了第一次产业革命。这就怪不得世界上的第一批现代化工业区，差不多都出现在煤矿区附近。

即使到现在，蒸汽动力在工业特别是在交通运输业中仍旧占有很重要的地位。那些运输量大、运输费用低的交通工具，比如火车、轮船等，不少还要依靠蒸汽作动力。

祖国辽阔的原野上每天都有许许多多的蒸汽机车牵引着长长的货物或旅客列车在铁道上呼啸奔驰，每完成10000吨的运输任务，通常要烧煤100千克；一台蒸汽机车每年要烧煤3000多吨。

除了煤以外，电也是生活的必需品。

我们的生产和生活中随时随地都用到电。电灯、电话、电影、电动机、电子计算机……电在工业、农业、交通运输、国防建设以及科学技术的各个领域都很重要。

煤同电也有关系。

在火力发电厂里，电是靠烧煤的办法生产出来的。煤把锅炉里的水烧成蒸汽，蒸汽推动汽轮机，汽轮机带动发电机，发电机就发出电来。在这里，煤里的热能变成为电能供我们利用。生产1度电，大约要消耗0.4～0.6千克煤。一座100万千瓦的大型火力发电厂，每天要用上万吨燃料。

煤的费用要占火力发电电能成本的1/2以上。

要知道，火力发电厂是我国目前电力工业的主要组成部分；发电部门是煤的主要用户之一。

钢铁工业是一切工业的基础。可是，钢铁又是从哪里来的呢？大自然可没有这样慷慨，愿意把大量的天然金属献给人类。绝大多数的金属都隐藏在石头里，形成各种各样的矿石。人们需要通过自己的劳动从矿石当中把各种金属冶炼出来。

从矿石当中冶炼金属要有很高的温度，所以要用上等的煤作燃料。虽然用煤之前人们已经用过铁，但是炼铁事业的发展却是同采煤事业的发展分不开的。

冶炼1吨生铁，要往高炉里装进400～600千克焦炭。而焦炭正是由煤炼成的。

煤球成型机

银白色的富有气孔而坚硬的焦炭，不仅是炼铁的燃料，而且也是炼铁的原料——还原剂。有了好的焦炭，才能炼出好的钢铁，所以对于焦炭以至炼焦煤的质量，要求十分严格。

如果每吨生铁的成本是100元，那么焦炭的费用往往要占1/2左右，即40～50元。

人不能一日断粮，高炉也不能一天缺煤。大力发展炼焦工业是我国社会主义建设事业中的一项重要任务。

不仅炼钢炼铁要用煤，生产铁合

金、铸铁件、碳化物以及冶炼其他有色金属，也要直接或间接用煤作燃料或原料。某些重要有色金属，比如铜、锌、铝、镁等的生产，需要的煤量往往等于它们自身重量的几倍甚至十几倍。

这样看来，作为燃料，作为工业动力的资源，煤的用处的确是太大了。

有人说，煤炭工业在生产部门中占有中心的位置，那也有一定的道理，因为所有其他的生产部门，差不多都要依靠煤的生产。

不可再生资源——值得珍惜的煤

我们已经说过，从人们的日常生活到工农业生产，煤的用途非常广泛，煤炭工业在国民经济中占有很重要的地位。

从15世纪到现在，人类至少已经采掘和使用了600亿～700亿吨煤。世界各国每年开采的煤量，19世纪初叶是1200万～1300万吨，末叶增加到7亿吨，1940年是15亿吨；目前全世界每年采掘和使用的煤量，都在20亿吨以上，这么多煤要用上百万列火车才能运走。

在人类开采的全部矿产原料中，煤占有很大的比重；在全世界主要能量的生产里，煤所占的比重也最大的。甚至可以说，煤炭生产是工业生产的“寒暑表”；煤的产量是衡量一个国家工业发达程度的重要指标。所以我们每个人都应该珍惜和节约用煤。

节约煤炭，人人有责。全国每年只要节约用煤1%，那就相当于每年多生产好几百万吨煤。

煤除了作为燃料，还有其他用途吗？

有人提出这样的疑问是不足为奇的。因为在一般人的脑海里，煤只不过是一种燃料，人们用它的目的只是为了从中取得必要的热能。

如果真是这样，那么煤还有什么前途呢？将来原子能利用了，海洋能利用了，地下热利用了，太阳能也利用了，煤里面那一点点的热量还有谁去稀罕呢？

40克铀里的原子能就抵得上100吨上等煤的发热量。

海洋像一个不知疲倦的巨人，一刻不停地运动着，产生无穷无尽的力量。海浪、潮汐都可以用来发电。海水本身蕴藏着大量热核反应的原料——重氢，可供人类使用几千亿年。

地下热、太阳能更是人类取之不尽、用之不竭的能源。

可是我们已经说过，目前烧煤是一种不正常不合理的现象。我们今天烧煤，我们的子孙后代将会埋怨我们浪费。因为我们烧煤的时候，把煤里面许多宝贵有用的东西都一古脑儿烧掉了。

尽管这在目前是不得已的事，但是

我们将来决不会这样做，要好好利用煤，把煤里面一切有用的东西都取出来。

“人民群众有无限的创造力。他们可以组织起来，向一切可以发挥自己力量的地方和部门进军，向生产的深度和广度进军，替自己创造日益增多的福利事业。”

现在我们只是初步地做到了这一点。我们不能满足。“万能原料”嘛，吃的、穿的、用的，应有尽有，我们应该而且能够从煤里面取得更多有用的东西。

科学技术的发展永无止境，不烧煤的时代总有一天会到来的。不过那不是煤的“衰落时代”，而是它的“黄金时代”。作为一种极有价值的化工原料，煤将“物尽其用”，更好地在我们的生产和生活当中“大显身手”。

煤里面的许多无机物质也值得我们注意。稀有元素啦，贵金属啦，还有放射性元素啦，等等，从煤里面提取某些含量比较高的稀有元素，具有很大的经济价值。

我们将来只会更珍惜煤，而不会把它扔在一边。煤始终是我们的忠实助手，是我们的宝贵财富。

当然，到那时候，我们找煤、采煤的技术也一定大大地变样了，变得更先进了。

说到找煤和采煤的技术，不妨比喻：古人像是一个“小孩子”，现在我们也还不过是一个“少年”。这就是说，我们现在的找煤和采煤技术，水平还很低。我们对于地下矿床资源的了解还存在着很多尚未认识的“必然王国”。

为了弄清地下煤层的情况，过去人们依靠人力用凿子凿向地下，现在我们用钻机钻进地层，这在工作原理上并没有太大区别，只是用机器的力量代替人力罢了。

古人挖坑到地下，用铁镐把煤采落，采落下来的煤用小车运输，用辘轳提上地面；现在我们矿井里的生产情形也差不多，只是用联合采煤机代替铁镐，用矿车、运输机代替小车，用绞车代替辘轳，劳动不再像过去那样繁重，生产能力要比过去高得多而已。

不错，自动化的钻机已经开始出现了。自动化钻机来到预定地点，就能自动地进行工作。它不停地向地下钻进，自动地接长钻杆，并且把岩心取出来。

不错，自动化的矿井也正在开始成为现实。在自动化的矿井里，采煤地点没有人，人坐在地面上指挥着机器在地下干活。煤像黑流一样源源不断地涌上地面。

不错，还出现了不少找煤和采煤的新技术。人们研究和发展了物理探矿，重力、电力、磁力、地震波等都成了人们的探矿工具，甚至人造卫星也被我们用来寻找地下资源。人们利用水和火来开采矿床，这就是水力采煤和地下气

化。人在同大自然的斗争中变得越来越强大了。

那么更远的将来又会怎么样呢?

人造火箭不仅遨游于空中，而且也能奔驰在地下；地下的宝藏将被人们揭露无遗。

人们还将请到更多的帮手，不仅请机械帮手，还要请物理、化学帮手。也许人们可以派遣“万能溶剂”到地下去，把煤溶化在溶剂里，然后吸上地面。

煤找到了，而且采出来了，最后被送进综合利用加工厂里，在那里经过复杂的化学加工，出来的时候就面目全非，已经是各种各样人造的贵重材料、衣着用品和可口食物了。

这将是一幅多么美好的图景啊!

是否有“万能的原料”

仅仅在近百年以前，人们还只知道把煤当燃料。近几十年来，随着社会生产和科学技术的进步，人们已经越来越多地注意到了煤在化工方面的用途。

现在煤已经不仅是一种能量的主要来源，而且也是一种十分重要的有机化工原料了。

也许你会感到很奇怪，但这完全是事实——煤的分子是一些结构极其复杂的大分子，采取化学加工的方法，可以使煤的大分子分解，得到各种简单的化合物，再用这些简单的化合物作原料，就能生产出许许多多宝贵有用的东西，这些东西同我们人类的生产和生活有着极其密切的关系。

橡胶制品

比方说吧，前面我们已经讲到过炼焦。1 吨好的炼焦煤，经过高温焦化，可以得到 700～800 千克焦炭；除了固体的焦炭之外，还能得到 30～40 千克的液体产物——焦油（煤焦油）和 100 多千克的气体产物——焦炉气（焦炉煤气）。

先不提焦炭和焦炉气的用途，且说那黑褐色的粘乎乎的焦油吧，它有些什么用处?

100 多年前，人们都把这种油质当做无用的废物而扔掉。19 世纪中叶以来，有机合成化学工业兴起，人们才发现焦油的成分原来非常复杂，目前已经测定出来的成分就有 480 种，焦油于是一下子成了有机合成化学工业珍贵的“原料仓库”。

是啊，有谁能想象得到，在这种黑

色的焦油里，会含有那么多用来制造千百种宝贵化工产品的原料呢！

有那些能把我们衣服染成各种各样颜色——紫红色、晚樱色、蓝色、绿色、黑色、黄色等的2000多种合成染料，真是色彩鲜艳，色谱齐全。

有那些能够丰富和美化我们日常生活的各种各样不同香味——薄荷香、玫瑰香、麝香、茴香、果子香等的香料，真是香飘千里，沁人心肺。

有那些性能比天然橡胶还要优良、用途比天然橡胶还要广泛的合成橡胶，它们有的弹性足，有的耐磨，有的不怕冷和热，有的能抗油和酸，真是神通广大，用途多样。

有那些像金属般的坚牢、棉花般的轻盈、玻璃般的透明、橡皮般的弹性、黄金般的稳定、云母般的绝缘的各种各样的塑料，用来制成凉鞋、雨衣、台布、唱片、电话机、绝缘材料、建筑材料、管道、容器以及各种机器零件等，真是品种繁多，式样新颖。

有那些我们大家都很熟悉和喜爱的锦纶、涤纶、维纶等合成纤维，它们可以用来制成质轻保暖、挺括美观、耐洗耐穿、不霉不蛀的衬衣、外衣、袜子等织物，也可以用来做成坚韧、牢固、有弹性、不怕火烧、不怕腐蚀的绳索、渔网、筛子、传动带、降落伞等，真是五光十色，应有尽有。

有那些用来医治人体疾病和帮助我们同农作物病虫害进行斗争的许多药剂和农药，真是药到病除，用途广泛。

还有那保证农业增产的化学肥料，威力强大的梯恩梯炸药，洗涤衣物用的洗涤剂，杀灭杂草用的除草剂，铺路用的沥青，此外还有溶剂、油漆、糖精、樟脑丸……制造这些化工产品的原料都可以从焦油里获得。

你看，从煤里面竟可以得到这么多宝贵有用的东西，怪不得它会被有些人称誉为“万能的原料”呢！

所以说，从科学的观点来看，直接烧煤是很不合算的。这不仅是因为目前烧煤的热能利用率很低，比如每燃烧100千克煤，实际上只有10～20千克煤的热能得到了利用，其余80～90千克煤的热能都白白地浪费了；而且还把大量宝贵的化工原料也都付之一炬，万分可惜。

那怎么办呢？难道我们可以听任一缕缕一团团的浓烟，把那些对我们非常有用的合成纤维织物、塑料用具、橡胶制品以及合成药物等白白带走吗？当然不能！相信人类将很快找到解决途径。

稀有金属家族之谜

XIYOUJINSHUJIAZUZHIMI

敲开凡娜迪斯女神之门

1831年初春的一天，德国化学家维勒坐在窗前，正凝神阅读老师瑞典化学家贝采利乌斯的来信。此刻，他被信中关于凡娜迪斯女神的故事深深吸引了。故事是这样写的——

很久以前，在北方一个极遥远的地方，住着一位美丽而可爱的女神凡娜迪斯。女神过着清静的日子，十分逍遥自在。

一天，突然有位客人来敲她的房门。凡娜迪斯因为身体疲乏，懒得去开门。她想："让他再敲一会儿吧!"谁知，那人没有再敲，转身走了。

女神没有再听到敲门声，便好奇地走到窗口去看，"啊，原来是维勒!"凡娜迪斯有些失望地看着已经离去的维勒。"不过，让他空跑一趟也是应该的。谁叫他那样没有耐性呢!"

"瞧，他从窗口走过的时候，连头都没有回一下。"说着，女神便离开了窗口。

德国化学家维勒

过了不久，又有人来敲门了。他热情地敲了许久，孤傲的女神不得不起身为他开门了。这位年轻的客人名叫塞夫斯特穆，他终于见到了美丽的凡娜迪斯女神。

看完了这个故事，维勒的心久久不能平静。因为他明白，老师信中所讲的并不是一个普通的神话故事，而是针对自己说的一个科学发现的事实。

钒的形态

故事里的凡娜迪斯，是一种刚刚发现不久的化学元素——钒的名称。1年前，维勒在分析一种墨西哥出产的铅矿时，发现了钒。由于钒是一种稀有元素，提纯起来很困难，加上当时维勒身体状况也不大好，提纯钒的工作便停顿了下来。

就在这时候，一位叫塞夫斯特穆的瑞典化学家在冶炼铁矿时也发现了钒，并且克服了重重困难，提纯出钒的化合物。塞夫斯特穆用瑞典神话中一位女神的名字凡娜迪斯，给新元素取名为钒。

两位科学家都曾敲响过新元素的大门，一个成功了，一个却半途而废了，他们所差的只是一种锲而不舍的精神。为了使维勒汲取这次教训，贝采利乌斯特意为他编写了这个美丽动人而又含意深刻的故事。维勒十分感激老师的启发和教诲，在以后的研究工作中，更勤勉、更仔细了，并取得了许多伟大的成就。

贝采利乌斯是瑞典杰出的化学家，他23岁时就在斯德哥尔摩医学院担任副教授，主讲医学、植物学及药物学。贝采利乌斯不但课讲得好，而且非常注重实验，发现了硒、硅、钍、铈和锆5种元素。他的名声遍及欧洲各国，许多爱好化学的年轻人，都不远千里来到斯德哥尔摩，像穆斯林朝拜圣地麦加一样，求教于他的门下。维勒和塞夫斯特穆都是他的学生。

在发现元素钒的过程中，贝采利乌斯不仅热情告诫维勒，也积极帮助塞夫斯特穆。钒的提纯工作，就是在贝采利乌斯的实验室里完成的。可以说，钒的发现是塞夫斯特穆和他的老师共同努力的结果。但是，在提交给科学院的论文上，贝采利乌斯只写了

塞夫斯特穆一个人的名字，他说："我要让他独享发现的荣誉。"钒主要用于制造合金钢，提高钢的强度和耐久性；钒的化合物还可用于制造彩色玻璃和陶瓷等。

人造太阳之谜

铍是生产原子弹不可或缺的原料，而锂却是生产氢弹不可缺少的原料。现在就来介绍这个最轻的稀有金属——锂。

氢弹爆炸

氢弹的炸药——氚化锂，是用锂制造的。氚是一种气体，储存、运送都不方便，放在炸弹里更不方便。据说，第一个氢弹是把氚冷冻成液体，放在一只大"热水瓶"里，十分笨重，简直不能搬上飞机。后来把氚做成氚化锂，它是一种白色的粉末，装在氢弹里就很方便了。

据估计，1 千克锂放出来的热量，相当于 2 万吨煤炭。这种神话般的巨大力量，使科学家产生了许多幻想。也许可以用氚化锂来开凿巨大的水利工程，几十千克氚化锂或许就能够挖通一条巴拿马运河。还有人幻想把氚化锂放在人造卫星上，在天空中升起一个"人造太阳"，使黑夜变成白天，使北极变成温带。

不同形状的炸药

如果说铍矿石在几千年前，就用它美丽的姿色引起了人类的注意，那么，锂却是一声不响地藏在人们不注意的地方：海水、湖水、盐井水和两种貌不惊人的矿石里。

要是有人说海水是比汽油更好的燃

人造卫星

料，或许会被指斥是信口开河。但是，每吨海水中含有0.1克锂，它能够释放出相当于1.5吨汽油的热量！如果你有兴趣，不妨算算看，全世界的海水大约有20万亿吨，它所含的锂相当于多少汽油。

科学家正在研究从海水中提炼锂的方法，说不定真有一天会把海洋看得跟石油矿一样宝贵。但是，从海水中提炼锂终究是十分困难的，因为每吨海水只含0.1克锂，要想得到一点点锂必须浓缩大量海水。

那么，能否在自然界里找到含锂量比较多的海水呢？

※大自然“帮助”浓缩海水

我国汉代的古书里就有“沧海桑田”的记载，这是说古代的海洋慢慢地干涸，变成了陆地。在地质学上这是常有的事。譬如：今天有些居住着千千万万人的地方，千百万年以前或许就是一片汪洋大海。这些地方的

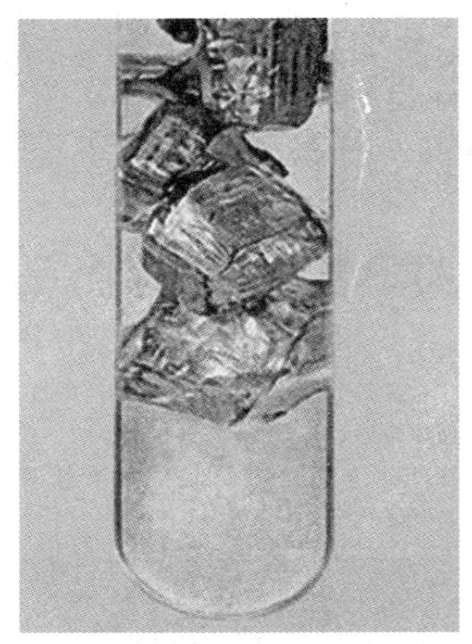

放在油里保存的锂

“海”慢慢地干涸以后，海水中的食盐、氯化镁和氯化锂都在海底结成盐块，又经过许多变化，就在地下形成了巨大的“盐水库”，其中的氯化锂要比海水中的浓得多。这种大自然“帮助”我们浓缩海水的例子很多，给我们提供了炼锂的好思路。

※6万多度电炼1吨锂

经过复杂的化学方法，可以从盐水或者矿石里提炼出氯化锂。要把氯化锂炼成金属锂，通常就采用熔盐电解的方法。

把氯化锂和氯化钾混合，放在电解炉里，它们受热以后会熔化成液体，再

通上强大的直流电，氯化锂就分解成银白色的金属锂和氯气。当液体的金属锂浮在熔化了的氯化锂和氯化钾上面的时候，就可以把它取出来放在油里，让它凝结成固体。锂在空气中会很快地吸收水分而变质，所以要把它放在油里保存。

氯和锂的化学结合力很强，要用非常强大的电力能够把它们分开，因此电力消耗很大，每炼 1 吨锂要消耗 6 万多度电。

※装在手提包里的氢气球

锂的用处多种多样，除了用在原子能工业上，还可以加到铜、铝里去改善它们的性质，以及用来制造一种导弹上用的高强度玻璃。

铝 片

另外还有一个有趣的用途，是用来灌装氢气球。我们知道，氢气球的体积

氢气球

很大，携带起来很不方便，特别是军用气球。科学家发明了一种制取氢气最方便的方法，就是用氢化锂（这是一种固体）加水，只要一小提包的氢化锂，就能够制取几十立方米的氢气。这种方法在海军中经常使用。

药检风波

施特罗迈尔是 19 世纪德国汉诺威省格廷根大学的化学教授，同时他还兼任汉诺威省药物总监的职务。1817 年秋，施特罗迈尔奉命去希尔德斯海姆视察。一次，在一家药店里，他随手从架子上拿起一瓶药，药瓶的标签上写着“氧化锌”，可施特罗迈尔一眼就看出那不是氧化锌，而是碳酸锌，虽然这两种化学药品都是白色的粉末。他进而发现，这一带的药商几乎都是用碳酸锌来代替氧化锌配制一种用来治疗湿疹、癣等皮肤病的收敛消毒药。

这种做法无疑是违反《德国药典》规定的，作为药物总监的施特罗迈尔当然要干预过问。不过，施特罗迈尔也很奇怪，氧化锌通常是用加热碳酸锌来得到的，其制取方法非常简便。既然如此，那些药商们何苦要冒犯法的风险，用碳酸锌来代替氧化锌呢？经过了解，施特罗迈尔才知道，药商们其实也是冤枉的。他们的药品都是从萨尔兹奇特化学制药厂买进的，货运来时就是这样，而且氧化锌和碳酸锌都是白色粉末也确实不大好辨认。

于是，施特罗迈尔又追到萨尔兹奇特化学制药厂，到此真相大白。原来，萨尔兹奇特化学制药厂生产出的碳酸锌，在加热制取氧化锌时，不知为什么一加热就变成了黄色，继续加热又呈现橘红色。他们怕这种带色的氧化锌没人要，就用碳酸锌来冒充了。

身为药物总监而同时又是化学家的施特罗迈尔对这件事非常感兴趣，因为正常的碳酸锌在加热时，会生成白色的氧化锌和二氧化碳，而不会出现变色现象，现在总是出现变色现象，这其中必有缘故。于是施特罗迈尔取了一些碳酸锌样品，带回格廷根大学进行分析研究。

施特罗迈尔把碳酸锌样品溶于硫酸，通入硫化氢气体，得到了一种黄褐色的沉淀物，当时很多人都认为这黄褐色东西是含砷的雄黄。如果真是这样，萨尔兹奇特化学制药厂将要承担出售有毒药物的罪名，因为砷化物是有剧毒的。这可急坏了药厂的老板。但施特罗迈尔并没有简单地下此结论，他在继续分析这黄褐色的沉淀物。不久，施特罗迈尔排除了沉淀物中含砷的可能，并宣布从中发现了一种新元素，引起碳酸锌变色的正是它！这新元素的性质与锌十分相近，它们往往共生于一种矿物中。新元素被命名为镉，由于镉在地表中的含量比锌少得多，而沸点又比锌低，冶炼锌时很容易挥发掉，所以它才长久地隐藏在锌矿中而未被发现。

至此，这场药检风波终于有了结论，萨尔兹奇特制药厂免除了出售有毒药物的罪名，而更重要的是：在这场风波中，由于施特罗迈尔没有简单地相信实验初期的结果，而是锲而不舍地继续研究、分析，因而发现了新的元素。应该提到的是，还有德国人迈斯耐尔和卡尔斯顿，也都分别发现了镉。

镉主要用于电镀中，镀镉的物件对碱的防腐力很强；金属镉还可做颜料；镉还可以做电池原料，镉电池寿命长、质轻、容易保存。但是后来进一步的研究发现，镉也是对人体有剧毒的元素之一，镉盐进入人体后会慢慢积聚起来，破坏体内的钙，使受害

镉电池

者骨骼逐渐变形，严重的会使身长缩短，最后在剧痛中死亡。当然，这是后话了，含镉的化合物也是不能作为药物应用的。

顽皮花猫帮助解谜

19 世纪初叶，法国的拿破仑发动了征讨欧洲的战争。

战争需要大量火药，当时还没有发明安全炸药，人们只能采取传统的方法，用硝酸钾（就是硝石）、硫黄和木炭制造火药。顿时，硝酸钾的供应紧张起来。为了解决战争的需要，很多人都积极地开办生产硝酸钾的工厂，其中有一位名叫库图瓦的法国化学家，跟随他的父亲在海边捞取海藻，然后从海藻灰中提取硝酸钾。

1811 年的一天，库图瓦按照惯例，把海藻灰制成溶液，然后进行蒸发。溶液中的水量越来越少，白色的氯化钠（就是食盐）最先结晶出来。接着，硫酸钾（这是一种常用的肥料）也析出来了。下面，只要向剩余的海藻灰液里加入少量硫酸，把一些杂质析出来，就能得到比较纯的硝酸钾溶液了。

硫酸装在一个瓶子里，就放在装海藻灰液的盆旁边。谁知就在这时，一只花猫突然跑了过来，它的爪子碰倒了硫酸瓶。哎呀！瓶里的硫酸不偏不倚几乎全部流进了装海藻灰液的盆里。小猫，你可闯祸啰！

库图瓦非常生气。要知道，加入海藻灰液里的硫酸必须是少量的。现在，这么多硫酸倒了进去，前边的那些工作算是白干了。他正想惩罚这只顽皮的花猫时，眼前突然出现了奇怪的景象：一缕缕紫色的蒸气从盆中冉冉升起，像云朵般美丽。库图瓦简直看呆了。他忽然想起，应该把这些紫色的蒸气收集起来，便拿一块玻璃放在蒸气上面。

碘颗粒

库图瓦原以为会得到晶莹透亮的紫色液珠，就像水蒸气遇到冷的物体，会凝结成水珠一样。可是出乎意料，他得到的却是一种紫黑色的晶体，它们像金属那样闪闪发亮。

这是一种未知物。库图瓦仔细研究了这种未知物，发现这种未知物的许多性质不同寻常，如它虽闪耀着金属般的光泽，却不是金属；虽是固体，却又很容易升华，即不经过液态而直接变为气态；它的纯蒸气是深蓝色的，紫色的蒸气是因为混有空气的缘故。

1813 年，经英国化学家戴维和法国化学家盖·吕萨克研究，证实库图瓦发现的是一种新元素，盖·吕萨克给它命名为“碘”。碘在希腊文中的意思是“紫色的”。

针状碘

在 19 世纪后半叶，有一位年轻的医生，听说印第安人相信有某种盐沉淀物可以治疗甲状腺肿大，就取了一些样品送请法国的农业化学家布森戈进行分析，布森戈发现这种盐沉淀物中含有碘，便建议人们用含碘化合物治疗甲状腺肿大。不过，这个建议曾被冷落长达半个世纪，最后还是被医学界接受了。

1911 年，在庆祝碘发现 100 周年时，人们在库图瓦的故乡竖起了一块丰碑，以纪念他在科学上的重要发现。今天，人们更进一步认识到碘对于人体健康，特别是儿童的智力发展有着密切的联系。现在全国已广泛供应食用含碘盐。

发掘葡萄园的启示

《伊索寓言》里有这样一个故事：一位种植葡萄的老人在临终的时候，把他的儿子们叫到床前，告诉他们，自己在葡萄园里埋下了许多黄金，是留给他们的。老人去世后，儿子们把葡萄园里的地翻了个遍，也没有找到金子。但是第二年，园子里的葡萄却获得了丰收。

同寓言里找金子的人一样，古代也有许多幻想得到大量黄金的人，他们想尽各种办法，试图在铜、铁等普通金属中加入某种物质后，能够“点化”出黄金、白银。这些身披黑斗篷的炼金家，费尽心机，也没能炼出黄金。但在烟火绵延之中，他们却在无意中发现了许多元素。

砷就是由德国的炼金家马格努斯发现的。1250 年，他在炼金时，用雌黄

（硫化砷）与肥皂共热的方法，意外得到了色白如银的砷。这一发现使许多人以为用此法就可得到大量白银。然而，由于砷和砷的化合物有很大的毒性，许多采矿的奴隶因此断送了性命。在炼金术士的记录符号中，砷是用一条盘卧的毒蛇来表示的，在现代科学应用中，砷的化合物可做杀虫剂、木材防腐剂等，高纯砷可用于半导体和激光技术中。

磷，这种在黑暗处会发出冷光的物质，是德国人布兰德最早制取的。布兰德曾当过医生，后来受到炼金术士的诱惑，想变成百万富翁，便做了炼金家。他看到人尿颜色橙黄，就想从尿中提取物质，这种物质被称为“哲人石”，据说哲人石可以“点银成金”。1669 年，布兰德在提取哲人石的实验中，却意外得到一种色白质软的物质。奇怪的是，这种物质在黑暗处竟能闪烁幽幽光芒！

磷

这种物质就是磷，它的希腊文意思是“鬼火”。有人把磷带到勃兰登堡的鬼火宫廷去展览，当夜幕降临时，大厅里所有的烛光都熄灭了，只有瓶中那一小块磷在闪耀着魅惑的荧光。随着贵族小姐和妇人们的惊叫，磷也成了稀世珍宝，欧美各国的达官贵人竞相争购，许多炼金术士因此发了财。现在，磷主要做磷肥，用于农业；磷还可以制造火柴、杀虫剂、燃烧弹等。可以说，古代的炼金术是近代化学的前驱，那些神秘莫测的炼金家们，如同在葡萄园中挖金子的人一样，没有炼出黄金，却为元素的发现开掘出一块沃土。

翻译家的身世

铯和铷被称为“翻译家”。它们的身世是什么呢？

铯榴石是炼铯的最好原料，铍的矿石——绿宝石常常含有铷和铯，所以也是提炼铷和铯的原料。但是，最大量的铷和铯却蕴藏在海水中。据估计，海水中的铷共有 4000 亿吨，比陆地上的铁矿还多！可惜到现在为止，还没有找到从海水中提取铷和铯的有效方法。但是在古代的海干涸以后所遗留下的盐层或者盐湖里，铷和铯的含量要比海水中浓得多，已经有办法把它们提炼出来。有的国家就是从岩盐矿层中提取铷和铯的。

知道了它们的身世，可是为什么他

们被称为“翻译家”呢？

※电视翻译之谜

我国大部分地区都有电视台，它不但能够播送声音，还能够播送图像。譬如，北京举行的奥运会，除了在场的观众，全国各地成千上万坐在电视机前面的观众都可以欣赏到。他们是通过天空中的无线电波间接地看到比赛实况的。

十分明显，直接利用光线传播比赛实况是不可能的。电视的妙处，就在于它能够把光线“翻译”成无线电波，辗转播送到全国各地。千家万户的电视机接收到了无线电波，又把它“翻译”成光线，使电视观众看到比赛实况。

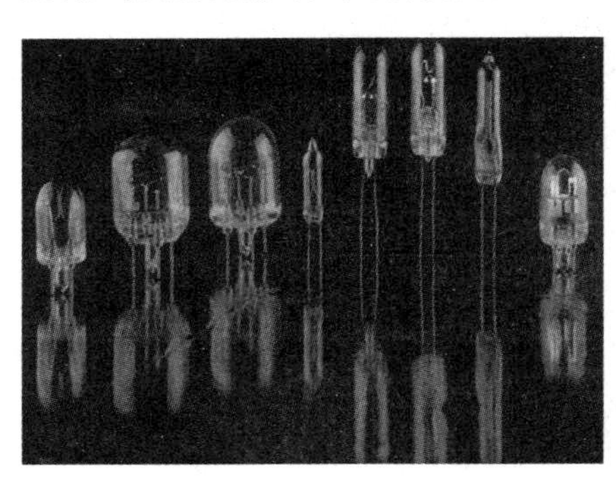

各种类型的光电管

这种“翻译”在科学上叫做光电现象，是电视广播的基础。把“光”翻译成“电”的，是一种叫做“光电管”的设备，稀有金属铯和铷，在光的照射下能够产生电流，是光电现象最强烈的材料，所以是制造光电管的主要感光材料。

※测量星际距离的手段

铯和铷的“翻译”工作在天文学上也很有用。我们仰望夜空，可以看到繁星点点，有的明亮，有的昏暗，有的每天每月在改变亮度。天文学家用光电管做成的仪器，把星光变做电流，只要测量电流的大小，就能够算出每颗星星的亮度。你千万不要以为这是无关紧要的工作，天文学家正是从这里获得许多有关宇宙的宝贵知识。其中一个重要的收获，就是测量遥远的恒星的距离。

造父型变星

要知道北京到天津的距离，只要在地面上做一次测量就行了，但是要测量银河中遥远的恒星集团的距离，那就十分困难。因为我们不但没法到那里去，而且距离过分遥远了。后来，天文学家

终于找到一种方法，他们发现，有一种改变亮度的星，这种星的总发光量和亮度变化的周期有一定的关系，它是变星中的一种，叫做“造父型变星”。不论多么遥远的地方，只要找到一颗这样的星星，我们就可以从它的亮度变化周期，推算出它的总发光量，然后再用光电管测量出它的亮度。总发光量相同的星星，距离越远亮度就越低，所以从星星的总发光量和实测亮度，就可以算出它的距离，于是这个地方的远近，也就可以算出来了。

天文学家正是用了这种方法，才算出了银河或者更远的星云离我们有多远。

※看不见的防线

对森林资源来说，火灾是一件最头痛的事情。特别是绵延几百千米的大森林，有时候失火还不知道，这样会造成很大的损失。

用铷和铯做主要感光材料的光电管，在这里能够帮人们的忙，装着光电管的自动报警器，能够把火灾的光线变成电流，向遥远的管理中心发出警报。

也可以利用光电管做成看守重要地区或者仓库的设备。如果有人进行破坏、盗窃活动，只要他一遮断预先围绕在建筑物上的光线，光电管就会使电铃、汽笛、警灯之类的信号器接通电源，发出警报。

※自动化的眼睛

光电管能够“看见”附近的事物，这就给自动化提供了有利条件。如果说光电管是自动化的眼睛，那么铯和铷就是这个眼睛的“视网膜”。

发电站外景图

转炉炼钢的“火候”，过去只能是单凭有经验的工人用眼睛来观察，而且有时不精确。现在已经用光电管制成的“电眼”来控制了。

在高温的电炉旁边装上光电管，能够记下从炉子里发出来的光的强弱，从光的强弱就可以算出温度高低。如果再接上自动化装置，光电管更可以根据炉子的情况决定供电多少，来控制电炉的温度。

在拥有现代化工业的国家里，通常有许多电站组成统一的供电网，统一调度，互补余缺。拿我国来说，东北、华北和华东等地区，就都有这种统一的供电网。

统一的调度站，离开各发电站常常

有几百千米远。要在这样远的地方知道各电站的情况，并且还要进行遥远控制，是非常复杂的事情。光电管在这里又大显神通，它把电站仪表的指数变成信号，“告诉”几百千米外的调度站，不论距离多远，误差不会超过2%。

※从盐水到“电眼”之谜

从盐水或者岩盐矿层中提取铷和铯可不是一件简单的事情，因为铷和铯在那里的浓度尽管要比海水中浓得多，一般也只有十万分之几，要把它们浓缩到百分之九十几，是很不容易的。此外还有一个困难，那就是铷、铯的化合物和盐水中其他成分的性质十分相近，不好分离。

硫酸铯

通常采用的分离方法是“重结晶分离法”。原来铷和铯的化合物，在水里溶解得比较少，可是盐水中的其他成分在水里就溶解得比较多，如果我们把盐水蒸发浓缩，首先结晶出来的盐中，所含的铷和铯就特别多。把这些盐溶化在水里，再蒸发浓缩，先结晶出来的盐中，所含的铷和铯就更多。这样反复地进行几十次，就能够得到氯化铷和氯化铯。

从氯化铷和氯化铯制取金属铷和金属铯，是利用“金属热还原”的方法。用钙跟氯化铷或氯化饱互相作用，就能够得到金属铷或金属铯。

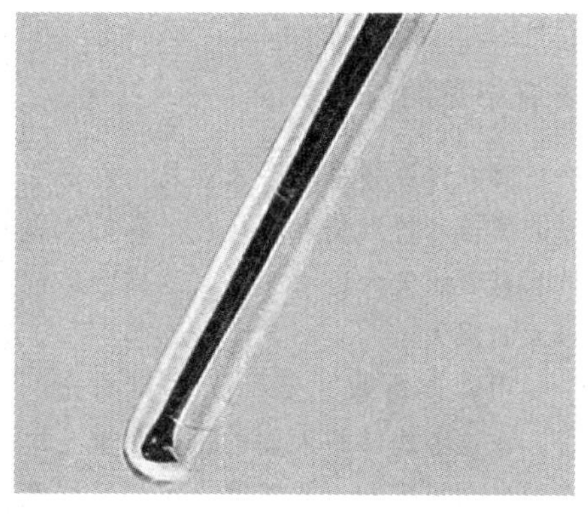

保存在油里的铷

铷和铯都是银白色的金属，柔软得可以用小刀切割，它们都很容易熔化成液体。铯只要28℃就熔化了，铷在38℃下也会熔化。这两种金属碰到水都要着火，必须保存在油里。

把金属铯喷镀在银片上，做成铯的薄层，就成了最好的光电管——能够

“看”光的“电眼”的元件。铷也可以用来制造光电管，但是效果比铯差些。

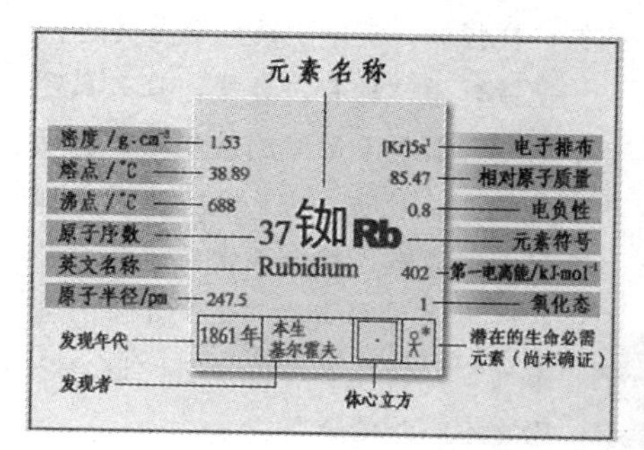

铷元素周期表

多才多艺的双生兄弟之谜

钛和锆都是高熔点稀有金属，它们的性质非常相近，像一对双生兄弟。除了耐热这个共同的特点外，钛的特点是轻而强韧，是用在火箭、飞机和宇宙飞船上的好材料；锆的特点是不吸收原子射线，可以用来建造原子锅炉。

兄弟俩住在海滩上，海滩上有成亿

钛是用来造飞机、飞船的理想材料

吨砂石，钛和锆这两种比砂石重的矿物，就混杂在砂石里。

海边，一阵阵海水卷起白雪般的波涛，昼夜不停地冲刷着海滩。在海浪中，砂石翻滚，来回不停地淘洗着。这种大自然的壮丽景象早就引起了诗人的注意。

冶炼出的钛块

1000 多年前，我国著名的诗人白居易，在东海滨就写过这么 2 首诗：

白浪茫茫与海连，
平沙浩浩四无边，
暮去朝来淘不住，
遂令东海变桑田！

一泊沙来一泊去，
一重沙灭一重生，
相搅相淘无歇日，
会教山海一时平！

诗人虽然看出海水昼夜不停地淘洗会引起陆地和海洋的变化，可是他却不会想到：海浪帮了冶金学家的大忙。千百万年来，“暮去朝来淘不住”的海浪，把比较重的钛铁矿和锆英砂矿冲在一起，在“平沙浩浩四无边”的海岸边，形成了一片一片的钛矿层和锆矿层。

这种矿层是一种“黑色的砂子”，通常有几厘米到几十厘米厚，有些地方的蕴藏量特别大，就成为开采钛矿和锆矿的中心。

此外，在河床或山里，也可能有巨大的钛、锆矿。

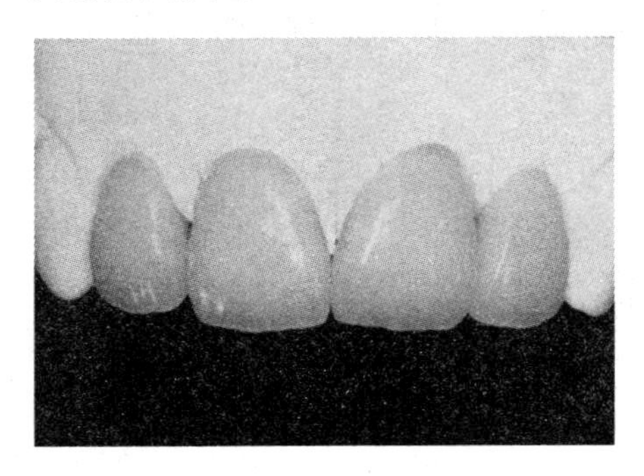

钛和锆的妙用

军事上的理想材料

钛是一种不寻常的金属材料，它兼有质量轻、强度大、耐热、耐腐蚀和原料丰富五大优点，所以人们抱着莫大的希望，把它叫做“未来的金属”。

钢铁、铜、铝这些常用的金属材料，它们虽然各有优点，可是往往只有“一技之长”，总有不少缺陷。例如：钢铁的强度大，但是太重，又容易生锈；铝很轻，却不耐高热。钛可是个“多面手”，它的密度只有钢铁的一半，却和钢铁一样强韧，它不生锈，熔点又高。

把钛算做“稀有”金属，真有点冤枉。地球表面十千米厚的地层中，含钛达千分之六，比铜多61倍！随便从地下抓起一把泥土，其中都含有千分之几的钛。世界上储量超过1000万吨的钛矿并不稀罕。钛几乎可以说是“取之不尽，用之不竭”的金属。

现在，让我们来看看这位“多面手”的本领吧！

最初发明的飞机，飞行速度比汽车快不了几倍。后来，制造出越来越快的飞机，有一种飞机只要15分钟就能够从北京飞到上海，而坐火车要走一天！

飞机可以飞得快些，在军事上的价值是不言而喻的。所以，近年来各国都在努力制造更快的飞机。要让飞机飞得更快，得过许多技术关，其中有一个重要的难关就是机翼发热问题。

飞机飞快了以后，机翼上的空气受到压缩，放出很多的热来，使飞机表面的温度急剧增高。飞行速度是声音速度3倍的飞机，它的表面温度大约能够达到500℃，有发出暗红色火光的煤块那样热。所以有些航空工程师开玩笑说，飞机翅膀上可以炒鸡蛋吃！过去的飞机多用铝制造，铝虽然很轻，但是不耐热，就是个别比较耐热的铝合金，一到摄氏二三百度也会吃不消。至于说用铝来制造耐得住500℃的飞机翅膀，那就

跟想用马粪纸造汽车一样荒唐！

很明显，必须有一种又轻又韧又耐高温的材料来代替铝。钛恰好能够满足这些要求。所以，近年来军用飞机和民用喷气飞机都用钛做材料。这样，飞机就可以飞得又快又远。

钛还用来制造坦克、降落伞、潜水艇和水雷等武器的部件。

钛的另一个更重要的用途，是制造火箭、导弹和宇宙飞船。

这些“上天”的机器，对材料的要求非常严格，必须又轻又强韧。因为在起飞和降落的时候，它们要跟空气摩擦，会使材料受到“烈火”的考验；到了宇宙空间，是零下摄氏一百多度的低温下，鸡蛋也会冻得和石头一样硬，所以要求材料必须在严寒中不发脆。钛正好能够满足这些要求。它的密度只有钢铁的1/2，强度却比铝大3倍还多，在摄氏四五百度的考验下满不在乎，冷到零下摄氏一百多度也还有很好的韧性。

因此，钛已经成为未来的重要金属材料。

核燃料的“衣服”

在原子能发电站里，我们必须把核燃料——铀棒发出来的热量传到水里，使水变成蒸汽去推动涡轮机，再带动发电机发出电来。

我们知道，铀棒是不能直接和水接触的，这不但因为热水会腐蚀铀，还因为铀会使水带有放射性，危害人的健康。

因此，必须给铀棒穿上一件“衣服”，那就是用别种金属把铀棒包起来，使水在“衣服”外面流过，不和铀棒接触。

做这种“衣服”的“衣料”有好几种，但是最好的“衣料”是锆。

原来这种“衣服”必须有三种本领：一要不吸收“中子”。“中子”是触发原子核裂变的，如果“中子”被吸收掉，原子锅炉的效率就要降低，甚至无法进行工作。二要能抵抗水的腐蚀。如果“衣服”“破”了，放射性物质就会扩散出来为非作歹。三要有较好的强度。

铝能够满足一、三这两个要求，但是不耐热水腐蚀。不锈钢能够满足二、三这两个要求，却会吸收掉很多中子。只有锆能够同时满足这三个要求，所以是原子能工业的重要材料。

原料贱似铁，产品贵如银

钛和锆虽然有这么多用处，但是它们的生产过程十分复杂，成本很高。

钛的主要矿石是钛铁矿，锆的矿石是锆英砂，它们的价格跟钢铁差不多，但是炼成的金属比银子还贵。

原来钛和锆都有一种“怪脾气”，

就是非常容易和氧气、氮气化合，在生产过程中绝对不许碰到空气。空气的主要成分是氧和氮，钛和锆只要吸收了千分之几的氧和氮，就会发脆，变得毫无用处了。

因此，冶炼钛和锆都要在密封得很好的容器中进行。容器里的空气必须排除干净，还要充进一种比较贵重的稀有气体——氩气，以免空气污染产品。经过复杂的步骤，把钛铁矿或锆英砂变成四氯化钛或四氯化锆，再放到密封的不锈钢罐中，使它们和金属镁起化学作用，就得到多孔的钛或锆。它们非常疏松，所以叫做“海绵钛”或“海绵锆”。

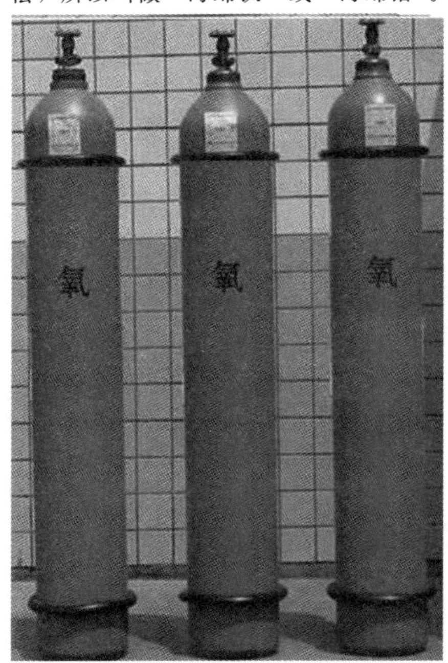

工业用瓶装氧气

这种海绵钛或海绵锆是不能直接派上用场的，还要在电炉里把它们熔化成液体，才能铸成钛锭或锆锭。但是这时候，它们的“怪脾气”又来制造麻烦了：除了电炉中的空气必须抽干净外，更伤脑筋的是几乎找不到盛装液态钵或液态铅的坩埚。因为一般耐火材料都含有氧化物，其中的氧就会污染钛或锆。人们煞费苦心，终于发明了一种“水冷铜坩埚”的电炉。这种电炉只有中央一小部分区域很热，其余部分都是冷的，钛或锆在炉子中心熔化后，流到用水冷却的铜坩埚壁上，马上凝成钛锭或锆锭。用这种方法已经能够生产几吨重的锭块，只是成本非常高。

经过加工的锆锭

利用“怪脾气”替人类服务

钛和锆都很容易跟氧和氮化合，给人们增添了许多麻烦。但是，人们也能够把坏事变成好事。譬如，可以利用钛和锆来制造焰火。

我国是世界上最早用焰火来庆祝节日的国家之一。例如，宋代词人辛弃疾就曾经生动地描述了元宵节放的焰火：

东风夜放花千树，更吹落，星如雨。

焰火不但可以在节日中助兴，更重要的是可做军事上的信号弹，用来指示目标或者传达命令。制造信号弹的原料有很多种。钛粉、锆粉和氧进行化合能够放出强光，是信号弹的好原料。此外，我们还利用它的"怪脾气"来制造真空。在地球表面，所有的空间都充满着空气，因此并不是真正空的。只有把密封容器中的空气抽掉，才能造成"真空"。真空是非常有用的，例如：电灯泡和电子管里都要抽成真空，否则，一通电流，灯丝就会烧掉。

五彩缤纷的焰火

原子能工业也少不了真空技术。利用钛和锆对空气的强大吸收力，可以除去空气，造成真空。比方，利用钛制成的真空泵，可以把空气抽到只剩下十万亿分之一。

人造雾之谜

看过《三国演义》的人，都知道诸葛亮草船借箭的故事。诸葛亮利用长江夜间的漫天大雾，驾驶 20 只快船到曹操 83 万人马的水寨前擂鼓呐喊，迷惑了曹操，赚得 10 万多支箭。

这个故事虽然是后人编造出来的，但是说明了雾的军事价值。

天空中的烟幕弹

现代战争中，更是经常施放烟幕弹，用人造雾来迷惑敌人。在第一次世界大战中，德军最先使用了烟幕弹，曾经在康勃雷地区迷惑了英国的坦克部队，使他们误入德军包围圈，结果全部被歼。人造雾最好的一个方法就是喷射一种钛的化合物——四氯化钛，它造成的烟幕很持久。除了用作人造雾外，四氯化钛还可以用飞机喷洒出来，在天空中写字，长久不散。

战场上的烟幕弹

世界上最白的东西

二氧化钛是世界上最白的东西，1克二氧化钛就可以把450多平方厘米的面积涂得雪白。它比常用的白色颜料——锌钡白还要白5倍，因此是调制白油漆的最好颜料。世界上用做颜料的二氧化钛，1年多达几十万吨。二氧化钛还可以加在纸里，使纸变白并且不透明，效果比加其他物质好10倍，因此制造钞票和美术品用的纸，有时就要添加二氧化钛。此外，为了使塑料的颜色变浅，使人造丝光泽柔和，有时也要添加二氧化钛。

白色的二氧化钛

超声波捕鱼之谜

在海洋中捕鱼的一个最大困难，就是怎样在茫茫的大海中找到鱼群。老渔民凭着他们丰富的经验，虽然能够做出一定的判断，但是对海底鱼群的分布总还不能了如指掌。

现在终于有好办法了，我国的渔轮上已经有了超声波探测鱼群的设备。原来鱼群密集的地方，海水中有大量气泡，能够反射超声波，可以利用它来探测鱼群。

有趣的是，最先用超声波“看”东西的不是人，却是蝙蝠。

蝙蝠能够在黑暗中准确地捕捉小虫。这件事，动物学家早在几百年前就知道了。可是多少年来，蝙蝠的这种本领一直是一个“谜”，直到人们掌握了超声波的知识以后，才研究清楚。原来蝙蝠在飞行的时候，它的小嘴能够朝一定的方向发出超声波，如果前面有物体，超声波就会反射回来；蝙蝠的耳朵能够十分灵敏地“听”到这种回声，它就靠着判断回声的快慢和强弱，来确定自己的行动。

可是人的身上没有发射和接收超声波的器官。对于超声波来说，我们既是"哑巴"又是"聋子"，只能依靠仪器的帮忙。

颗粒状钛酸钡

发射和接收超声波的仪器种类很多，其中有一种是用钛酸钡制造的，性能很好。

钛酸钡有一种奇异的性质：用力压它会产生电，只要一通上电，它又会改变形状。把钛酸钡放在超声波中，它受到超声波的压力会产生电流，我们用仪器把电流记录下来，就"看见"了超声波。反过来，如果我们给钛酸钡加上高频的电压，它就会发出超声波来。

用钛酸钡做的水底测位器，是敏锐的水下眼睛，它不只能够看到鱼群，而且还可以看到海底下的暗礁、冰山和敌人的潜水艇等。它还能够检查钢铁内部，看它有没有缺陷。

钛酸钡还有很多别的用处，例如：铁路工人把它放在铁轨下面，来测量火车通过时候的压力；医生用它制成脉搏记录器，把脉搏跳动变成电压，记录在仪器上。

电灯丝之谜

每种金属都有自己的熔化温度，这叫做熔点。

不同金属的熔点有高有低，前面介绍的钛和锆都有较高的熔点，但是到一千多摄氏度也要熔化。熔点更高的金属有钨、钼、钽、铌等，它们的熔点分别是：钨 3400℃、钼 2600℃、钽 2990℃、铌 2415℃。这些难熔金属是现代科学技术十分需要的，它们是替高温、高速服务的伙伴。

钨，这个熔点最高的金属，是制造电灯丝的好材料。

最早的电灯泡不是用钨丝，而是用碳丝做的。碳丝虽然耐高热，却十分脆弱，容易断。当时的灯泡发明人爱迪生，曾经派出许多考察队到世界各地去收集各种植物纤维，希望能够找到一种比较好的灯丝原料。后来发现，用钨做灯丝比用碳丝好得多。

上面已经介绍过，钨在各种金属中熔点最高。在 1600℃的高温下，坚硬的钢铁都要在炼钢炉里化成稀薄的钢水，钨在同样的温度下却还是固体。

这样优异的性能就决定了用钨做灯丝的价值。原来在灯泡里，电流要把灯丝加热到摄氏两千多度，才能够

电灯泡里的钨丝

使它发出明亮的白光来，如果灯丝受不住高热，熔化了或者软化了，那当然就达不到目的。钨在摄氏两千多度的时候仍有一定的强度，所以做灯丝非常合适。

你知道灯丝是怎样做成的吗？从矿山中开采出来的钨砂——黑钨矿，是一种外观有点像煤炭的黑石头，它的化学成分是钨酸锰或钨酸铁。把矿石磨碎，加上碳酸钠放在炉子中熔化，然后用水浸出钨酸钠，经过加酸和煅烧，就得到氧化钨粉末。

氧化钨粉末放在特制的炉子里用氢气还原，就得到金属钨的粉末。还必须把钨粉制成钨丝。我们常用的铁丝，是用钢锭拉出来的，钨丝却很难这样制造。因为钨的熔点高达3400℃。要想把钨粉熔化成钨锭来拉丝，是十分困难的。

为了克服这个困难，有人发明了用金属或金属化合物制取金属粉末，再压制和烧结成产品，叫做粉末冶金。

钨粉加上水和粘性物质，像做面条一样，先做成钨粉的“面团”，然后放在特制的模子里连挤带压，做成很细的钨粉“面条”，把它烘干，再放在电炉中加高热，最后通过许多个逐渐细下去的金刚石细孔，抽成细丝，这才成了电灯泡中用的钨丝。

这种粉末冶金的方法，最初只用来制造灯丝，后来用来制造的东西越来越多了，像可以把钨粉、钼粉制造成钨锭、钼锭。另外，用不同的金属粉末冶金，还可以制造许多其他冶炼方法所不能制造的产品，例如：多孔性的金属块，不能熔合在一起的金属合金，金属和塑料的混合材料等。

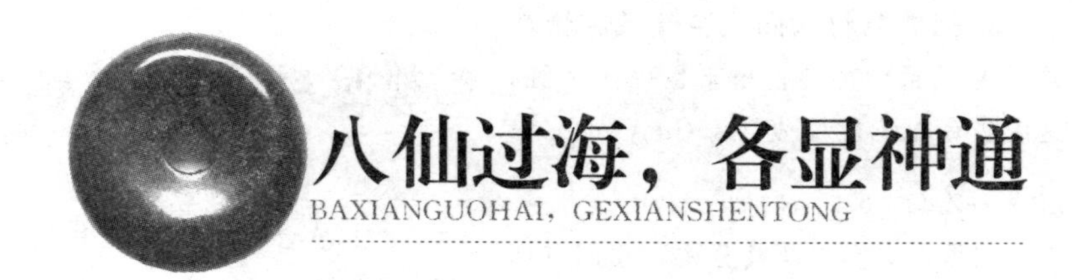

八仙过海，各显神通

BAXIANGUOHAI，GEXIANSHENTONG

锌跟稀硫酸铜溶液反应生成黑色物质之谜

锌（Zn）跟稀硫酸铜（$CuSO_4$）溶液反应要生成一种黑色粉末状物质，这应当说是一个众所周知的化学现象和事实，但这种黑色粉末的化学成分是什么，至今还没有统一的认识。为了对这一基础化学实验现象有一个更加切合实际的认识，我们设计了以下几项实验进行探索。

实验一 在10只试管里分装15～20毫升水，依次加1到10滴饱和$CuSO_4$溶液，静置观察：

1. 因Cu^{2+}水解，立即出现略显白色样浑浊，而且溶液越稀，浑浊得越快（几秒钟之内）。

2. 1～2小时之后，析出蓝色氢氧化铜沉淀，而且溶液越稀越难析出沉淀，成为较稳定的氢氧化铜胶体溶液。

实验二 把锌片投入稀硫酸铜溶液中，光亮的锌片迅速变黑，溶液颜色变浅，随即开始出现氢气泡。

实验三 用软刷子轻轻刷下锌片表面上的黑色粉末，用蒸馏水多次洗涤、干燥并进一步做以下几项实验预测。

1. 在少量的黑色粉末上加1～2滴浓硝酸HNO_3，立即产生大量红棕色二氧化氮。这表明有单质铜，可能有单质锌。

2. 在少量黑色粉末中加入稀盐酸，粉末由黑变红并放出大量气体。这既可以确认有单质锌，又可以确认有单质铜（红色）。

3. 在少量黑色粉末中加入氨水，溶液显蓝色，这表明黑色粉末中有$Cu(OH)_2$。

$$Cu(OH)_2+4NH_3\cdot H_2O=$$
$$[Cu(NH_3)_4](OH)_2+4H_2O$$

4. 在少量黑色粉末中加入氢氧化钠溶液并加热煮沸，粉末由黑变红（Cu）。

5. 把黑色粉末隔绝空气或在惰性的 CO_2 气氛中加热，粉末也由黑变红，这说明有如下反应发生：$Cu(OH)_2 + Zn \xrightarrow{\triangle} ZnO + Cu$（红）$+ H_2O$

根据以上实验及其分析，我们有理由断定，Zn 跟稀 $CuSO_4$ 溶液（不是浓 $CuSO_4$ 溶液）反应生成的黑色粉末状物质的化学成分，既不是 Zn 中的杂质，也不是纯 Cu，更不是 CuO（氧化铜），而是由单质 Cu、单质 Zn 和当初水解生成的 $Cu(OH)_2$ 三者组成的混合物。

为何金属能导电而不是电解质

中学化学课本有一道这样的题目：金属能够导电，它们是不是电解质？

金属不是电解质。电解质在水溶液里或熔化的状态下能够导电，金属固体或熔化状态也能导电，但是，金属导电和电解质导电的本质不同。金属导电是依靠金属晶体中的自由电子导电；电解质导电是依靠电解质溶于水或熔化状态下电离产生的自由移动的离子导电。金属导电发生的是物理变化，电解质导电同时伴随发生化学变化。金属也不是非电解质。

有些同学说，这不是违背逻辑吗？一种物质不是电解质就是非电解质嘛！这种说法不对。要知道，电解质和非电解质是在化合物范围内划分的两类物质。金属是单质，不是化合物。

切削也“疯狂”

“工欲善其事，必先利其器。”高速车床切削金属的刀具，钻井用的坚硬锋利的工具，都是用钨钢和碳化钨合金制造的。

含有 9%～17%的钨和一些钒的钢——钨钢，质地特别坚硬，用来做车床上的车刀，真是“削铁如泥”。从前没有发明钨钢的时候，车床的转速每分钟只有几米，再快了车刀口就要坏掉。用了钨钢以后，车床转速每分钟可以加快到几百米，车刀被摩擦发热到摄氏四五百度，刀口也不容易变钝。

有一种用碳化钨和钴粉制成的合金，比钨钢还要坚硬，可以用更高的速度切削金属。它的另外一个重要用途，就是制造可以在岩石层上钻井的钻头。

挖井的技术我国在几千年以前就有了，但是古时候就是在泥地里挖井也是非常吃力的，要在坚硬的石头上钻井，那就更加困难了。今天，不论是开采石油还是勘探矿产，要在坚硬的岩石层上打几百米甚至几千米深的井，都要用这种硬质合金制成的钻头。

你可曾想象过这种钻头的本领吗？钻机使用了这种钻头，每个月大约可以

在岩层上打一千米深的钻孔！要耐高温才能有高速。前面，我们已经讲到过高速的火箭和飞机的表面会产生高温，超音速飞机的表面温度可以达到500℃。因此，用钛代替铝来制造飞机，可以使飞机有更高的速度。

其实，高速飞机的最高温度不在飞机的表面，而在喷气涡轮发动机的涡轮叶片上。这里直接受到温度在1000℃左右的燃气冲击，需要比钛合金更耐高温的材料，现在用的是钴、镍、铬等金属的合金。但是，为了进一步提高喷气涡轮发动机的效率，节省燃料的重量，燃气的温度还要再提高。这样，就连钴、镍、铬的合金也吃不消了，可是钨、钼、钽、铌却是这方面最有希望的材料。

但是，现在还有一个问题没有彻底解决，这就是钼合金和铌合金的高温氧化问题。如果你仔细研究一下电灯泡的构造，就会发现：它的灯丝必须和空气完全隔绝。

为什么要这样做呢？

原来灯丝在发热的时候如果遇到空气，马上会和空气中的氧气化合，变成一种白色粉末样的氧化钨，灯丝就烧毁了。

钼和铌也是这样，它们在高温下一碰到空气就会氧化，变成气体的氧化物飞散掉。这好像燃烧煤炭一样，所不同的是一点灰也不剩下。

因此，必须给钼合金和铌合金穿上一件“外衣”，也就是替它包上一层不怕氧化的东西。最近几年来，为了替钼合金和铌合金做一件合身的“外衣”，多少科学家在废寝忘食地进行研究，可是直到今天，还没有满意的结果。

问题之所以特别难解决，是因为这件“外衣”必须天衣无缝，不许有一点点裂纹。否则，在高速飞行的时候，氧气就会渗进去把钼和铌“吃”掉，只剩下一件空“外衣”。不难想象，这将会发生多么严重的事故！

但是，尽管有这些棘手的问题，钼合金和铌合金还是在大规模地进行研究，它仍旧是一种极有希望的高温合金材料。

抵抗腐蚀的能手

钢铁要生锈，各种金属材料在使用过程中，多半也要慢慢地锈坏，这是人人都知道的事情。正因为这样，一座大铁桥用了很长时间以后，如果不换零件，它的负荷量就要降低，火车通过的时候就可能出现事故。

据统计，正在应用的金属材料，每年由于腐蚀，要损毁2%。

“腐蚀”真是工业中的一个大“盗窃犯”！

在化学工业、制药工业里，腐蚀的问题更是严重。许多化学药品，像硝酸、盐酸等，碰到钢铁，只消几十分钟就能把钢铁溶解掉，要寻找合适的材料十分困难。在制药工业中，更怕腐蚀后的金属会把药弄脏，因此，特别需要能够抵抗腐蚀的材料。

在这方面，稀有金属钽神通广大。根据试验，把钽放在浓盐酸或是硝酸中，甚至放在浓盐酸和硝酸的混合物王水中，它也毫不在乎。王水是最厉害的腐蚀剂，金子和白金碰到它也会溶解。因此，说钽能抵抗腐蚀还不够，应该说它是“根本不被腐蚀”的。

钼也是制造耐腐蚀合金的原料。在不锈钢里加上1%～2%的钼，可以大大改善它的抗腐蚀性能。铌和钽也能大大改进不锈钢的耐腐蚀性。

另外，镍、铝、铁合金是三种最好的抵抗盐酸的合金。

看不见的光线

铀和钍的原子里蕴藏着非常大的能量，平时，这种能量只是变成不可见的光，非常缓慢但源源不断地释放出来。这种光虽然看不见，但是可以拍摄得到。因为这个特点，我们把铀和钍叫做“放射性元素”。铀和钍经过某些加工，就成为所谓“原子燃料”。它们能够放出大量的热，可以用来做原子能发电站和原子能交通工具的燃料，也可以做原子弹的炸药。

这种燃料的威力极大，1克铀由于原子核分裂散放出来的能量，抵得上2.5吨煤。

第一个发现铀的放射性的人，是法国物理学家贝克勒耳。

1898年，法国物理学家贝克勒耳发表了他的一个偶然发现，这一发现轰动了当时的科学界。克勒耳当时正在研究“磷光现象”。所谓磷光现象，就是一种物质受到太阳光照射后，在黑暗中能够继续发光的现象。贝克勒耳选择了当时谁也不注意的铀盐作为试验对象。他把铀盐放在太阳光下照射后，又在暗室里用胶卷把铀盐放射的光拍摄下来。有一次，连续下了几天雨，贝克勒耳没有太阳光做实验，只得停止工作，把没有被太阳光照射的铀盐和照相胶卷一起堆放在暗橱里。过了几天，他打开一看，发现没有照过太阳光的铀盐，也能使照片感光。这说明铀盐能自动地放出一种肉眼所看不见的射线来！贝克勒耳惊奇万分，立刻着手仔细研究这一问题，肯定这是一种新的现象——放射性。

伟大的科学家居里夫妇继续对放射性现象进行研究。他们弄明白了许多道理，还发现了另一种稀有金属钍的放射性。以后，又经过许多人的研究，终于在1945年，用铀和钍制成了原子弹，并在1954年，建成了世界上第一座原子能发电站。从此，人类学会了用铀和钍来做发电、开动轮船和潜水艇等的燃料。

1 克铀代替 2.5 吨煤

煤被人称做“乌金”，它比金子有用得多，取暖、煮饭、发电、开火车等，哪样少得了煤？但是，煤有一个大缺点，就是用量太大。一只小煤炉，一个月也要烧成百千克煤。一艘轮船总要有个大煤舱，而且要经常在港口停泊加煤。

我国一年要消耗几亿吨煤。这样多的煤都要装上火车从煤矿运到各地去，该是多么麻烦的事情。

用铀和钍来做燃料要省事得多，1 克铀 235 可以代替 2.5 吨煤。如果用铀开动轮船，“煤舱”只要像一只火柴盒子那样大就够了。

铀 235 是原子量 235 的铀，在天然铀中大约含有 0.7%。它常常被用来做“原子燃料”。

很容易想象，用“原子燃科”将给我们带来多大的方便。我国最大的工业城市上海，每年要消耗几百万吨煤。如果把这些煤堆成一米见方的煤堆，可以从上海堆到哈尔滨，大约有 2000 千米长。这些煤都是从外地运来的，而燃烧后的几十万吨煤灰，又得想法子运走。如果用铀 235 来代替煤，大约每天 10 千克，一年不到 2 吨，就够全上海市用了。

从这个例子可以看到，在不产煤的地区，用原子能来发电是很合乎理想的。

全世界一年大约消耗 20 亿吨媒，这些煤的体积差不多等于一座 10 亿立方米的大山。世界上的煤还能挖多久呢？如果考虑到生产的发展，也许再过几百年煤就会挖光，那时候怎么办呢？

从现在看来，最现实的办法就是用铀和钍来代替煤。据估计，世界上已经探明的铀矿和钍矿一共有 2000 多万吨。用它们来做燃料，要比全世界蕴藏的煤和石油所能放出的能量大 20 倍！用铀来开飞机，用铀 235 做动力的原子能破冰船和核潜艇已经制造成功，现在科学家正在研究用铀代替汽油来开飞机。1 千克铀 235 可以使飞机以 1300 千米/小时的速度飞行 10 万千米，这就是说：原子能飞机可以做不着陆的环球航行。航空学家多少年来的梦想将要实现了。

有人还研究用铀开动火箭。在宇宙飞行中，减轻重量是十分重要的，但是火箭的燃料却重得出奇：100 吨重的火箭，大约要用 90 吨推进剂，再除掉它本身结构的重量，可以利用的吨位还不到一二吨。如果改用铀 235 作推进剂，那只要 50 克就够了。

铀 235 有巨大的爆炸力，如果用它来开挖水利工程，1 千克铀 235 的工作量，差不多就等于 25 万人劳动一天。

稀散金属——电子工业的粮食

一组又“稀”又“散”的金属顾名思义，稀散金属不但稀有，而且分散。拿其中的锗来说，地球上绝大部分的锗并不集中在锗矿里，而是分散在普通的煤炭、铅锌矿和某些铁矿里，含量一般都在十万分之一左右，甚至更少。要从含量如此小的原料中提取锗，确实是个非常棘手的问题。

再拿其中的另外三个成员——镓、铟、铊来说，它们分别藏身在铝矿、锡矿和铅锌矿里，含量也只有十万分之一左右。

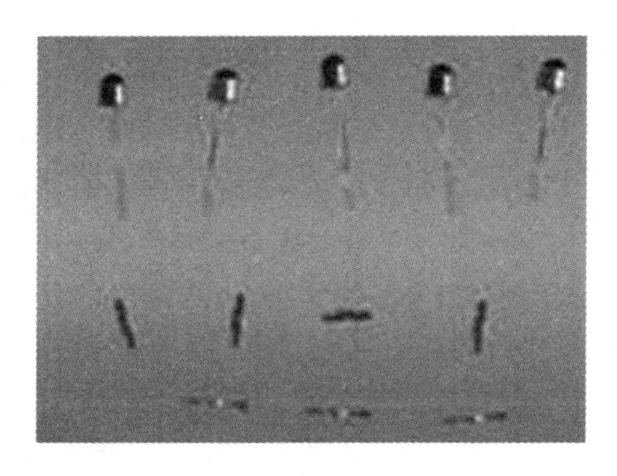

砷化镓二极管

这几种稀散金属都有很大用处，特别重要的是：它们以及它们的化合物，在电子工业上有多种多样的用途。锗是一种良好的半导体，在雷达和电子计算机发展史上，曾经大显神通。砷化镓是一种新型半导体，有人认为是未来高速电子计算机的原材料，很受重视。

锑化铟是一种能“看”红外线的半导体，在遥感技术中很有用处。

正因为这样，人们才费尽心机，发明各种巧妙的办法，把这些稀散金属从大量的矿石中浓缩起来，提炼出来。

※“千里眼”和遥感技术之谜

让我们先讲一个稀散金属锗在第二次世界大战中“立功”的故事。

1939年，法西斯德国的军队占领了法国，兵临英法海峡，企图渡过海峡，在英国登陆。德国的空军昼夜不停地轰炸英国本土。当时，英国的防空部队非常被动，尤其是在夜间，当德国飞机到达英国上空的时候，探照灯才盲目地进行搜索。这种搜索效率很低，而且探照灯本身就是轰炸的好目标。

后来，情形突然变了。德机一到，几十架探照灯马上瞄准飞机，把飞行员照得头昏眼花，大量的飞机被炮火打了下来。原来英国人掌握了雷达，德机没有临空，就被雷达“看”到了。

雷达是现代的“千里眼”。在我国的万里国防线上，也有强大的雷达网在守卫着。锗是制造雷达的重要材料。

更厉害的“千里眼”是遥感技术。把半导体（例如锑化铟或锗的元件）的“眼睛”装在人造卫星或飞机上，接收地面上的红外线，就能搜集地面，甚至地下的情报。举个例子：有些地区的地

底深处有高温区，或者有大量热水，可用作能源，一年可以节省许多的煤。但是茫茫大地，到哪儿去挖这种“地热井”呢？这就用得上遥感技术了。但凡地下有高温区或热水的地方，地面就会放出较多的红外线，能被人造卫星或飞机上的这种用稀散金属造成的半导体“眼睛”看到。

根据这个道理，一架飞机起飞后，可以从空中拍到自己在地上的照片。这是因为当这架飞机停在地上的时候，太阳光把它的影子留在地上，那里的温度低，放出的红外线少，所以起飞后能够拍到自己的影子，好像自己还停留在那里。

稀散金属的本领，遥感技术的奇迹，有时就是这样叫人难以相信。

※从烟囱里取宝

由于稀散金属锗、镓、铟、铊的化合物容易气化，所以在干馏煤和冶炼铅锌矿的时候，部分稀散金属会混在烟囱的烟尘里。这类烟尘就成了提炼锗、镓、铟、铊的好原料。

在煤气厂或炼锌厂的烟囱上，安装了布袋收尘器或者电吸尘器，就可以把含稀散金属的烟尘留下来。烟尘中只有千分之几的稀散金属，还要经过复杂的化学方法，才能炼出银白色的金属。为了炼一千克稀散金属，往往要耗费成吨的化学药品。

※纯度从4个“九”到8个“九”

用普通化学方法提炼的锗、镓、铟等，纯度只有99.99%，也就是4个“九”的纯度。这种纯度远远不能满足制造半导体的要求。要做成有用的半导体，还要把它提纯到99.999999%～99.9999999%，也就是纯度要达到8个“九”到9个“九”。

要把锗、锑化铟、砷化镓提纯到这样高纯度，用普通的化学方法已经不行了，必须用“区域熔化法”。这个方法所根据的原理，是杂质的分凝现象：当一种元素从熔融状态凝结成固态的时候，最初凝结出来的那一部分，它含有的杂质最少。

有一种区域熔化法的装置是这样的：把盛在石墨舟里的锗锭（或其他半导体锭）放在抽成真空的石英管里，用加热器在石英管外面加热。先把锗锭的一头熔化，变成熔区，然后让加热器缓慢地从一头移向另一头。随着熔区的向前推进，在熔区后面的锗就开始凝固，其中的杂质就大大减少，大部分杂质留在没有凝固的锗中，最后积聚在锗锭的另一头。这样反复地朝同一个方向分区熔化，就可以使锗锭的纯度越来越高。现在已能做出11个“九”的锗，杂质只有一百亿分之一。这类高纯物质就是半导体的好材料。

※多才多艺的“三五族化合物”

稀散金属镓和铟都是元素周期表上

的第三族元素。它们和第五族元素——砷、锑、磷、氮化合，可以形成一系列具有半导体性质的化合物，叫做三五族化合物。

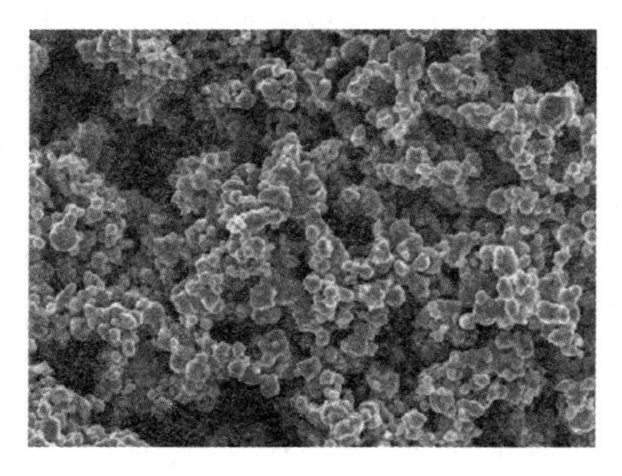

金属镓

三五族化合物是一组多才多艺的半导体。在目前，砷化镓和锑化铟用处最大，其次是磷化镓和氮化镓。

砷化镓可以制成发出激光的半导体元件，它能把电能以很高的效率变为激光。激光的用处十分广泛。人们还设想：利用砷化镓能使电和光互变的特性，将来可做出一类新型电子计算机——光计算机，计算速度要比目前电子计算机快许多倍。将来也许可以用这样的“电子脑”，广泛地代替我们一部分脑力劳动。因为它算得快，“才思敏捷”，会比目前的计算机和“电子脑”能干更多的事情。有几种三五族化合物用作“发光元件”，可以发出几种不同颜色的光。这种发光元件比普通灯泡省电、耐用，作仪表上的指示灯、数字显示牌，都是很合适的。还有人试用砷化镓做太阳能电池，把太阳光转化为电能，效率比较高。

对矿产资源进行综合利用大有可为。稀散金属是个宝，但是这个“宝”非常分散，它常常混杂在煤炭、铅锌矿、铜矿、铝矿、铁矿等“貌不惊人”的矿石里。过去，人们只注意矿物的主要成分，不注意它含有的稀散元素，在利用矿物的时候，不注意综合利用。现在已经知道：极其宝贵的稀散金属往往从烟囱里、灰尘里、炉渣里跑掉了，如不设法回收，就是极大的浪费。

因此，现在勘探一个矿山，都要注意有没有稀散元素。这样就可能综合利用，做到“一矿变多矿”。从前开发一个重金属矿区，往往只出一两种金属，现在往往能综合利用，出几十种金属产品，其中包括稀散金属。这就需要地质、选矿和冶金工作者做许多科研和生产工作。

冶金工业的维生素——稀有金属

※从金属材料“短命”说起

金属材料长期受到曲挠和振动，有时候会突然断裂，这种“急病”就叫做疲劳。飞机或船舶部件的疲劳，曾经造成不少次严重事故。许多长期受振动的机械，像喷气涡轮或者蒸汽涡轮的叶片，每秒钟得经受1000次振动，都要

用“抗疲劳”性能好的材料来制造，才能够延长“寿命”。

金属材料还有一种叫做“高温氧化”的病。有些金属另外有一种病，就是在加工的时候发生裂纹，还没有成材就“夭折”了。

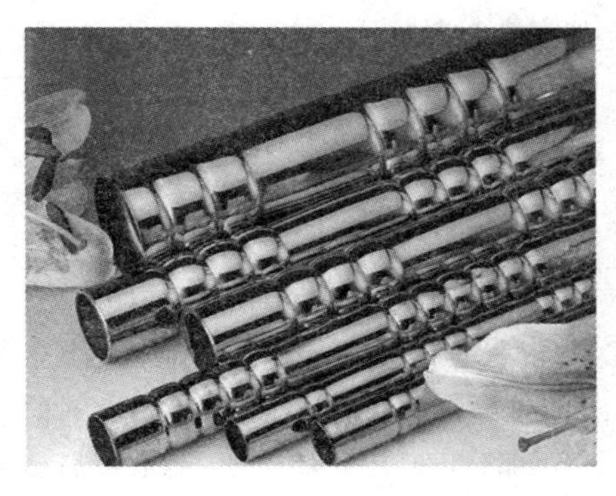

加工后不锈钢件

※使合金材料“延年益寿”

许多合金只要加入少量稀土金属，就可以使它们增加“抗疲劳”、“抗氧化”的本领，延长使用寿命。在镁合金中加入稀土金属，有很大的好处。含有锆和稀土金属的镁合金，不但“抗疲劳”性能好，更重要的是在比较高的温度下还有很好的强度，重量也只有铝合金的3/4，目前都用它来制造喷气式飞机。

不锈钢管在工业和民用上的用处很大，但是制造起来很困难。因为用不锈钢做管子的时候，非常容易出裂纹，造成废品。如果在不锈钢中加入万分之二的稀土金属，它就不容易出裂纹，可以大大减少废品。

在镍合金中加入千分之二的稀土金属，也可以增加它的耐氧化性质。在电炉的电热丝中加入少量稀土金属，更可以成倍地延长电热丝的寿命。

※在日常生活中

100多年前，奥地利化学家奥爱尔发现，把稀土元素氧化物放到火焰中，能够发出明亮的白光来，于是就建议用稀土元素氧化物来做汽油灯上的纱罩，使它发出强度光亮来照明。但是，当时稀土元素的来源很少，奥爱尔四处寻找，终于在南美洲巴西的海滩上，找到了大量稀土元素的矿石——独居石。从此，巴西的独居石就大量运到欧洲去制造纱罩。这种纱罩的年产量最高达到3亿多只，后来因为发明了电灯，它的销路才大大减少下来。

稀土元素铈和铁的合金在冲击的时候能够发出火花，因此可以用来做打火机上的火石。

稀土元素的氟化物可以用来制造探照灯和放映电影的弧光灯，还可以用来做原子能工业上用的玻璃。

※难解难分的十六个兄弟

在已经知道的107种化学元素中，按照门捷列夫元素周期表排列的时候，我们可以发现，从镧开始直到镥为止有一块长条，上面写着15个镧系元素的名字：镧、铈、镨、钕、钷、钐、铕、钆、铽、镝、钬、铒、铥、镱、镥。它们和另外一种元素钇在一起，就叫做稀土元素。

但是，在稀土金属刚发现的时候，人们曾经把它们当做是一种金属，后来经过仔细的研究，才知道原来是上面这16种金属的混合物。它们好像16个兄弟，长得非常相像，也就是说，它们的物理性质和化学性质很接近，用普通的化学方法极难使它们分开。因此，现在大部分稀出金属都是当做“混合金属”生产的。“混合金属”是用熔盐电解法生产的。将独居石和硫酸起作用，使生成的稀土元素的硫酸盐溶解到水里，用化学方法除去杂质，然后使稀土元素变成氯化物，再放在电解炉里通上直流电，制取混合金属。

大同小异，各有千秋。我们说这16个兄弟长得非常相像，这是指它们的大多数性质相似，并不是说它们的一切性质和本领都完全一样。实际上，它们在某些个别性质上差得很远，这就使得个别稀土金属的某些性能和混合金属大不相同。

钇是一个突出的例子。它很轻，密度比钛还小一些，耐高温的本领却超过钛，因此是一种有希望的火箭材料。同时，钇吸收中子少，所以已被制成管子，用来装1000℃的液体铀合金，建造一种高效率的原子反应堆。钇锆合金也是原子能工业的材料。

铥是另外一个突出的例子。它可以制造一种携带方便的手提式X光透视机。原来的X光是用高压电通过复杂的设备发生的，因此X光机不但非常笨重，而且没有电源的地方就不能用。铥不需要任何电源，就能够放出很多X光射线，这就使X光的应用更加方便了。

因此，怎样把各种稀土金属单独地分离出来，就成了当前的迫切问题。

※展望未来——向稀有金属进军

上面我们介绍了铍、锂、铷、铯、钛、锆、钨、钼、钽、铌、铀、钍、锗和稀土金属，它们虽然只是稀有金属的一小部分，但是可以看出，稀有金属已经登上了历史舞台，并且将扮演越来越重要的角色。

现在让我们再来展望一下它们的发展前景吧！

当稀有金属的用途越来越广，成本越来越低，产量越来越大的时候，就会变成常用金属了。不少稀有金属正在经历这一过程。譬如钛的产量已经不小，已有不少人主张把它从稀有金属中划分出去。

这里不禁使我们想起100多年前的趣事。

那时候金属铝的生产方法还很落后，因此极不容易得到。有一次，法国皇帝拿破仑第三大宴宾客，客人用的碗碟都是金的和银的，只有皇帝自己用铝制的碗，他还向贵族和大臣们介绍这种

生活中的铝锅

“土中之银”的奇迹，使得参加宴会的客人羡慕不止。

1869年，英国伦敦化学学会送给伟大的化学家门捷列夫一套礼物，是用铝合金制成的花瓶和杯子。

当时，如果谁有一只小钢精锅（铝锅）的话，说不定要当做“传家之宝”呢！

可是现在，铝锅已经和铁锅一样，一点不稀罕了。许多稀有金属是完全有可能变成常用金属的。首先，它的蕴藏量很大，可以保证大量生产。其次，它的性能十分优异，将来一定会有越来越广泛的用途。最后，现在稀有金属价格很贵，所以总是先在尖端技术和军事工业中采用。随着它的产量急遽增大，成本迅速降低，就会逐渐用到一般技术部门中去。再说，将来许多尖端技术，像原子能等将会替大多数人服务，正像有了汽车就会熟悉汽油一样，尖端技术的普及，就会造成稀有金属的普及。

※大搞综合利用

随着稀有金属日渐广泛使用，我们必须大搞综合利用。

现在用来炼取常用金属的矿石中间，往往含有多种稀有金属。怎样最经济、最有效地把它们同时提炼出来，还要解决许许多多的科学技术问题。

有人开玩笑说，提取常见金属而不同时回收稀有金属，好像是从金子堆里拣马铃薯。

但是，这种“金子堆里拣马铃薯”的工厂今天还很多。譬如：有一个铁矿，几百年来都是用来炼铁的。有一次，人们把通常用来铺马路的炼铁炉渣送到化验室里去分析，发现其中竟含有锆、钛、钒和稀土金属。于是，这个铁矿把矿石送去做矿物鉴定，最后证明：矿石在进高炉炼铁以前应该先选矿，把锆英砂、钛铁矿和独居石分出来，炼出的生铁在炼钢的时候还可以回收钒。这样所得的产值，比只把矿石炼成生铁要高出好几倍。

还有一个著名的有色金属矿，已经开采1000多年了，但是直到现在才知道，除了过去提炼的有色金属外，矿石里竟含有十几种宝贵的成分，其中有不少稀有金属。如果不综合利用，让它们混在炉渣里，那真是绝大的浪费。

但是，要创造一个经济合理的综合利用方法，并不是一件简单的事情。它需要有丰富的知识，能够熟悉每一种成分的特征，还要了解冶炼过程中的化学变化原理。冶炼方法不但要经济，并且能够面面俱到，把各种成分分别提取出来。解决一个这样的问题，常常需要许多科学家工作好多年。

※废料变矿石

我们平常说的矿石，就是指经济上可以合算地提取金属的原料。譬如：含铁量要在30%以上的才算铁矿。可是对于铜来说，只要含千分之几的铜就算铜矿了。这倒不完全是因为铜比较贵，也因为发明了巧妙的处理贫铜矿的方法。

冶炼技术越进步，就越能够利用低品位的矿石。稀有金属虽然也有不少富矿，但是更大量的稀有金属却分散在各种原料里，因为含量太少，目前还不能称为“矿石”。但是，它们是稀有金属真正取之不尽的源泉。

譬如，海水里蕴藏着多种多样的金属，其中有许多是稀有金属。据估计，海水中含有：锂200亿吨、铷400亿吨、铀60亿吨、钒6亿吨、钇6亿吨。

海水中还有大约100亿千克黄金。曾经有一位化学家，想从海水中提炼黄金。尽管海水中的黄金总蕴藏量很大，单位体积中的含量，却是微乎其微的。这位化学家虽然炼出了黄金，但是成本比黄金还贵。

从海水中提取稀有金属，也会遇到同样的困难。

※向生物界学习

难道真的就没有办法了吗？

不一定。现在让我们先来看看生物界的一些趣事吧。

有一种植物叫做紫云英，能够从土壤里吸收稀有元素硒，它的灰里竟含硒15‰。有几种烟草，能够从土壤中吸收锂。海中的牡蛎能够从海水中吸收铜；海带能够从海水中吸收碘。我们所用的碘，就是从海带灰里提炼出来的，这实际上是从海水里间接提取碘。今天我们能够从煤里提炼锗，也正是几百万年前植物吸收锗的结果。

如果我们能够把这个秘密研究清楚，在海带、牡蛎这一类生物那儿，学到从海水中提取微量元素的方法，或许就能够找到从海水中提取稀有金属的窍门。

我们依靠生物学家的帮忙，也许真的会培育出几种能够吸收海水中稀有金属的动植物品种，那时候就可能出现一批冶金部门和水产部门合办的“养殖场”，同时也是一个稀有金属“矿”。也许还会有“生物冶金”这门新学科呢！

我们还可能发明各式各样神奇的冶金方法。譬如利用摄氏几万度的高温去提炼稀有金属。和这种高温比起来，今天通常是一千多摄氏度的所谓“高温”，简直可以看成是“冷冻”的温度。在摄氏几万度的高温下，一切稀有金属都变成了气体，一切化学反应都另有一番景

象，那时候或许就能够发现许多新的化学现象和化合物。

几百年来，我们的化学家主要是研究常温和1000℃以下的化学现象。1000℃以上的化学现象，到现在为止，还有许多空白点等待着我们去开发。

至于温度更高的化学现象，现在差不多还是一无所知，这里大有英雄用武之地。

有选择性的离子交换膜。近几年来，冶金新技术的发展真是“百花齐放，万紫千红”。譬如，已经发明了一种“离子交换膜”可以从较稀薄的稀有金属化合物溶液中，回收稀有金属。

这种膜有很强的“选择性”，它只允许溶液中指定的金属离子穿过。离子交换膜已经引起广大科学家的注意，可以这样说，现在对它的研究还只是刚开始呢！

也许将创造出更多的奇迹！现在有一种很有趣的现象：许多稀有金属今天虽然还没有什么用处，大批科学家却在津津有味地进行着研究。

你如果问：这是为什么？回答很简单：说不定明天会派大用场。再说，假使不研究清楚，又怎么能够知道它有什么用处呢！的确，过去几十年来这方面的教训已经够多的了。

当然，科学家设想许多稀有金属有着远大的前程，是有一定根据的。下面就来举一个例子：目前，人类已经进入了星际航行时代。我们能够制造十几千米/秒速度的火箭，已经能使我们登上月球，远征木星，但是要飞出太阳系，还有困难。

离我们最近的恒星叫泼洛克西玛，在半人马座a星附近，它距离地球大约是4.27光年。光年就是光在一年中所走的距离，大约等于94605亿千米。4.27光年的距离大约是402963亿千米，如果用10千米/秒的火箭，差不多要12万年的时间才能够到达。假使我们的曾祖父坐上飞船，到了我们的玄孙的玄孙一代，还没有走完这段路程的1%呢！

这真是一个叫人不耐烦的长途旅行啊！

为了到宇宙深处去旅行，我们必须有一种比现在速度快得多的火箭。怎样实现这一点呢？科学家提出了不少大胆的设想，其中有一种叫做“离子火箭”。这种方案是用稀有金属铯制成离子，用电场来加速，造成喷气，这种喷气速度有可能接近光速。当然，要实现这种理想，还要克服不少困难。科学家还设想利用离子火箭开动“宇宙货船”，在地球和月亮之间运货。

我们可以满怀信心地说，在未来的年代里，稀有金属将会创造出更多的奇迹来。

在手掌里能熔化的金属

一块银白色的金属放在你的手心

里，当你刚想仔细端详一下的时候，它就熔化了，像水银一样流动起来，你只得像托住一颗大水珠似地小心托住它。它就是金属镓。

1875年法国化学家布瓦博德朗发现它时，为了纪念自己的祖国，以法国古时候的名字——家里亚命名它，简称镓。镓的熔点只有29.8℃，低于人的体温，所以在手心里会熔化；然而镓的沸点却高达2403℃，这一特点被人们用来制作高温温度计。因为汞的沸点是357℃，水银温度计一般做到350℃，当然也有400℃以上的，但很容易因热产生气泡，影响准确度，而用石英管做的镓温度计，可以测量1500℃的高温，称得上是直接读数温度计的冠军。

由于镓的熔点低，可做易熔合金，用在消火栓上做堵头，一旦起火，温度升高，堵头熔化，水能自动喷出灭火，消防人员可以很快找到它，消火栓口也受到水的降温保护，不会被烧毁。

比镓晚发现15年的铯，其熔点比镓还低，只有28.5℃；但是谁也不敢把它放在手心里，因为它太活泼了，在空气中会自燃，在水中能爆炸，要是搁在手心里，还不把肉皮烧焦了！人们只能将它放在煤油里。

煤油那么爱着火，不危险么？不，因为煤油隔绝了空气和水，铯就不会燃烧，更不会爆炸了。

由于铯能与水激烈反应，所以已被用来做电子管里的干燥剂。极少量的铯在真空管里吸干净微量的水蒸气，能大大提高真空度，延长电子管的寿命。光线照到金属铯上，它就能释放出一束电子，科学家利用铯的这个特性，做成了光电管。光电管是这样一种器件，当受光照射时，它就有电流通过，这个电信号可用于自动控制。当你走近北京饭店的大门时，门自动开了，你进去之后，门又自动关了，这就是光电管在指挥着自动门的开闭。

近年来，铯又担负了新的重任，做时间的计量标准，叫做“铯原子束时间频率基准器”。这是当前世界上最准确而又最稳定的时间频率计量基准，准确到十万亿分之1，30万年都差不了1秒钟。这对于天文测量、航天飞行都是不可缺少的，因为在这些领域里，时间常常是以微秒（百万分之1秒）为单位的呀！

碘的妙用

你一定用过碘酒，碘酒就是碘在酒精里的溶液，它比纯酒精的杀菌能力大得多，所以，大夫在给你打预防针时，常常给你先擦上一点碘酒，这样，皮肤表面就彻底消毒了。在空气中，碘酒里的酒精先挥发，留下一片黄印，这就是碘；然而，早上的黄印到了下午往往就不翼而飞了，这是为什么呢？因为碘是个与众不同的非金属元素，它能直接变

成气体跑掉，这种固体物质不经过液态而直接变成气态的现象叫做“升华”。凡是能升华的物质，也会由气体直接凝结成固体。利用碘的这个特性，我们可以提炼出很纯净的碘。

碘 酒

现在，请你看这样一个实验：把不太纯净的粗碘放在一个圆底烧瓶里加热，瓶口套进一支盛着冷水的玻璃试管，试管和瓶口之间有缝，可以剪块硬纸板盖住。用酒精灯加热烧瓶，不一会儿，试管下方就开始出现紫色的有金属光泽的碘晶体。它们长得像麦芒似的有棱有角，这就是经过升华提纯了的碘，黝黑紫亮，透着精神。

纯碘的蒸气是深蓝色的，不过这有一个条件，只有不混杂空气时才是深蓝的。平时，我们不太可能见到真空中的碘，我们见到的都是跟空气在一起的碘，它是紫色的，碘的希腊文原意就是紫色。碘在酒精里是棕黄色的，这是因为溶解它的酒精和它结合成这种颜色的溶液，汽油之类的溶剂与碘之间就没有这种结合，所以碘分散在汽油中时发出紫色的光亮。

碘不但是美丽的，而且很有用。

在农业上，常用的除草剂和农药中，碘是不可缺少的元素之一，用含有碘化物的饲料，可以提高营养价值。用它喂奶牛，产奶量就会增加；用它喂绵羊，羊毛又密又长；用它喂鸡，可以多生鸡蛋；用它喂猪，可以催肥……

碘也是人体中不可缺少的元素，它能调节人的生长发育和能量供应，在人体中，它集中在一个叫“甲状腺”的部位。碘对人身体的作用是通过甲状腺来实现的，一旦人缺少碘，就会得大脖子病——甲状腺肿。于是，大夫就会给这样的病人吃一些含碘的药，并嘱咐他多吃海带、紫菜、葱头、大葱和海鱼等等，因为这些食物里含丰富的碘。

趣谈二氧化碳

二氧化碳时刻从你的口腔里呼出，

它微溶于水，所以你仔细一咂嘴时，总会感到有点酸味。制造汽水、啤酒和汽酒的时候，把很多二氧化碳加压溶解在里面，为的是喝下去以后，释放出二氧化碳，使人顿感凉爽舒适。

钢瓶里的二氧化碳，是在高压下灌进去的，一旦喷出，由于体积膨胀而吸热，能把周围的温度一下子降到－78.5℃以下，这时候，奇妙的现象发生了：原来看不见的二氧化碳气体凝结成了白雪般的固体，如果你用一个布袋罩在钢瓶口上，布袋里就充满了雪一样的二氧化碳固体，人们把二氧化碳固体叫做“干冰”。干冰的用处可大啦，它可以用来灭火，因为它能降低燃烧物的温度，而且自身转化为气态二氧化碳，能够隔绝空气。干冰又是蔬菜、水果的卫士，把它充进菜窖里，细菌就难以生长繁殖了，这就延长了蔬菜水果的保鲜期。当你在电影或电视里看见神话故事里的主人公脚踏祥云瑞雾向你走来时，你可想到，正是因为在他们脚下铺洒了干冰，干冰吸收了周围的热量，使温度降低，空气中的水蒸气凝成水雾飘散，才造成了云雾缭绕的景象。

二氧化碳还是地球的雕塑者，它溶在水里成为碳酸，含碳酸的水长年累月冲刷石灰岩层，就会使它的主要成分碳酸钙变成碳酸氢钙而溶解，当水蒸发后，碳酸氢钙又会分解变成碳酸钙，这样的过程千百万年一直在进行着，于是，地球上就出现了天然奇景——如桂林山水和路南石林那样的奇峰异洞，装扮着美好的山河。更有数不清的溶洞、钟乳石、石笋……有的峻峭绮丽，有的晶莹剔透，令人叹为观止，它们都记载着二氧化碳的活动史和这位自然雕塑师的功绩。

溶　洞

有多少种化合物

在已知的107种化学元素中，有90余种是自然界里存在的天然元素，而在这90余种中又只有十几种是组成化合物的常见元素。那么，化合物究竟有多少种呢？

26个英文字母组成的单词有多少呢？袖珍英汉词典告诉我们，它那里有17000个，而新英汉词典里则有80000个……元素组成化合物时，与字母组成单词有点相似，而且，一种元素在化合物中还会重复地出现。所以，虽然组成化合物的常见元素只有十几种，它们的化合物却相当多。

到目前为止，世界上已发现和制造出来的化合物有几百万种，其中大部分是以碳元素为主体构成的化合物，叫有机化合物。因为这些含碳化合物起初都是从动植物或动植物的残骸中得到的，是起源于有生命的物质的。所以，过去就叫这一类化合物为有机化合物，这个名称一直沿用下来了。不含碳的化合物称无机化合物，共有5万多种，比起有机化合物来，品种少得多。然而在化学工业和化学研究上，它们是同等重要的。

气体能溶解在固体里吗

固体物质溶解在液体里，这是最常见的溶解现象，如白糖和食盐溶解在水里。液体物质溶解在液体里，也是常见的事。白酒就是水和酒精的混合溶液，家里做菜用的醋，则是醋酸（乙酸）的水溶液。

那气体能溶解在液体里吗？能！我们平常喝的汽水和啤酒里面就溶解了不少二氧化碳气体。有些气体在水中的溶解量还很大呢！例如，在室温下，1升水能溶解400升氯化氢气体，能溶解700升氨气。

最奇异的是气体还能溶解在固体里，突出的例子是氢气在铂族元素钯里的溶解。在常温下，1体积的钯能溶解700体积以上的氢气。白金（铂）也有溶解气体的本领，1体积的白金能溶解70体积的氧。

气态、液态和固态是物质的三种主要聚集状态。上面我们谈了固体和液体物质在液体里的溶解，也谈了气体在液体和固体里的溶解。这些溶解现象，都是一种物质在另一种物质中分散的过程。现在要问，我们没有谈到的固体分散在气体和固体里，液体分散在气体和固体里，以及气体分散在气体里的情况是否存在？回答是肯定的。也就是说，总共有9种类型的分散体系，即：

气体在液体中，例如泡沫。

液体在液体中，例如白酒、牛奶。

固体在液体中，例如糖水、盐水。

气体在固体中，例如木炭。

液体在固体中，例如湿泥土。

固体在固体中，例如合金。

气体在气体中，例如空气。

液体在气体中，例如云、雾。

固体在气体中，例如烟、尘。

在这里，我们用了一个新的概念——分散体系。物质的微粒分散在另一种物质里所形成的体系，就叫做分散体系。显然，在上面列举的例子中，有些是溶液，例如糖水、盐水；有些则不是，例如牛奶。判断的方法就是根据溶液的定义和特点，看它是不是均匀、透明和稳定。这里需要指出的是，空气是溶液，空气里各种气体的质点都是分子状态的，具有高度的均匀性和稳定性。因此，空气可以说是气态溶液。

※没有加热，为什么温度变了？

在一个100毫升烧杯中盛30毫升20℃（室温）的水，用小量筒量10毫升20℃的浓硫酸，慢慢地倒入水里，同时不停地搅拌。这时，用手摸一下烧杯的外壁，竟然变得烫手了，这说明硫酸倒进去后液体的温度大大升高了。

20℃的硫酸倒进20℃的水里，也没有加热，为什么温度升高了？难道浓硫酸和水混合在一起会放热吗？是的，浓硫酸溶解进水里变成稀硫酸时，要放出大量的热，正是这部分热量，使溶液的温度升高了。

浓硫酸和水混合的操作步骤，有一点特别的地方，就是一定要把浓硫酸倒进水里，决不允许把水往硫酸里倒。这是由于浓硫酸的比重比水大得多，如果把水倒进硫酸里，水就浮在上面，浓硫酸和水发生溶解反应时放出的大量的热，会使水沸腾起来，带着硫酸液滴四处飞溅，溅到皮肤上、衣服上，容易发生危险。反过来，把硫酸慢慢地倒进水里，硫酸比水重，逐渐沉到下层，由于搅拌，分散到溶液的各部分，和水发生溶解反应放出的热量，也均匀地分配到整个溶液。这样，溶液的温度是慢慢上升的，不会使水沸腾溅出。

和硫酸一样，许多物质溶于水时放出热量，例如苛性钠（氢氧化钠）和苛性钾（氢氧化钾）溶于水时就放出大量的热。50克氢氧化钾溶于水变成稀溶液时，能放出11.5千卡（1千卡＝4.18千焦）的热量。

与此相反，也有许多物质溶于水时吸热，使溶液的温度降低。例如80克硝酸铵溶于水变成稀溶液时，要吸收6千卡的热量，使溶液的温度大大下降。硝酸钾溶于水时也吸收大量的热。

为什么有些物质溶于水放热，另外一些物质溶于水吸热呢？

因为溶解过程是个复杂的过程。一方面，溶质的分子或离子要通过扩散分散到溶剂分子里去，形成均匀的溶液。这个过程是需要吸收热量的。另一方面，溶质的分子或离子有一部分要和溶剂的分子发生化合反应，生成溶剂合物。如果溶剂是水，则生成水合分子或水合离子，这个过程是要放出热量的。因此，溶解时放热还是吸热，要看哪一方面占优势。如果生成溶剂合物时放出的热量超过溶质扩散时吸收的热量，整个溶解过程就是放热的。反之，溶解过程就是吸热的。

原子学说之谜

在英国的坎伯兰郡，有一所教会学校。在其中的一间教室里，讲课的竟是一位刚刚12岁的小老师。而坐在下面的学生大都同小老师的年龄差不多，有

的甚至还比他大些。大概是年龄相仿的缘故，学生们没怎么把他放在眼里，小老师讲课时，随时会有人打断他的话，并提出各种问题，而且许多问题明摆着是想难住他的。对此，小老师倒是一点儿也不生气，他认真耐心地解答学生的提问，遇到不会的便说："我回去查查书，过几天再告诉你。"时间长了，小老师与学生的关系变得越来越亲密友好，刁难他的人也少了。同时，为了解答学生的各种问题，小老师看了大量的书，查阅了许多资料，久而久之，小老师对自然科学产生了浓厚的兴趣。

这位小老师叫道耳顿，后来成为著名的化学家、物理学家，创立了伟大的原子学说。

年轻时，道耳顿喜欢气象学，他自制了许多仪器进行气象观测，并坚持每天做气象记录，整整 57 年没有间断。后来尽管兴趣转向了化学，但他始终没有放弃气象学的研究，而且正是这一爱好，使道耳顿思路更为开阔，能用与其他化学家不同的方式去研究物质的结构，并最终创立了原子学说。

道耳顿是怎样把气象学与原子学说联系在一起的呢？是这样的，当时为了研究气象学的需要，必须了解空气的组成和性质。道耳顿像前辈科学家玻义耳、牛顿一样，假定气体都是由微小的颗粒所组成，在这个假定的基础上，他总结出"气体分压定律"；发现了空气在压缩时温度会升高；还证明空气中水蒸气的含量随温度升高而增大。这一连串的成功给道耳顿带来了喜悦，也促使他更深入地思考。他想："空气由微小颗粒组成"虽然只是一个假设，但由它所推演出的许多理论都被实验证明是对的。那么，这不是正好说明了假设本身是正确的吗？

道耳顿进一步想："如果假设是正确的，它能适用于气体，是否也适用于其他的物质呢？"

恰好在不久前的 1799 年，法国化学家普鲁斯特宣布了物质组成的定比定律。定律说：由多种元素组成的化合物，各元素间的重量比是一定的，而且永远是整数。这个定律给了道耳顿很大启发，他认为物质中各元素间的整数比，正说明元素是由一个个独立的微粒——原子组成。道耳顿又花费了 2 年的时间进行实验，并取得大量的第一手数据。

1803 年，道耳顿提出了原子学说，其主要内容是：化学元素均由极微小的、不可再分的原子组成；所有的物质都是由这些原子以不同的方式相化合而成的；化学反应是原子重新结合的过程。

原子学说问世以后，很快被一个又一个的事实所证明，并成功地解释了许多现象，被公认为是化学的最基本理论，是科学史上一项划时代的成就。对于原子学说的创立，道耳顿曾不止一次地说过："它得益于我所熟悉的气象学。"

死海淹不死人的秘密

在亚洲西部，约旦王国的边界上，有一个面积1000多平方千米的内陆湖，它的名字叫做死海。

死海风光

为什么叫这么个不吉祥的名字呢？原来，在这个内陆湖里，几乎没有什么生物能够生存，沿岸草木也很稀少，一片死气沉沉的景象，所以大家就把它叫死海了。

但是，死海里的水并不像别的江河湖海那样容易吞噬生命，淹死人畜。据说，在2000年前，古罗马帝国的军队进攻耶路撒冷的时候，军队的统帅狄杜要处死几个俘虏，他让人把这些俘虏捆起来，投到死海里，想把他们淹死。不料，这些俘虏并没有沉到水里，一阵风浪，又把他们送回岸边来了。统帅命令把他们再投进湖里，过一会儿又都漂了回来。这位罗马统帅以为他们有神灵保佑，只好把这几个俘虏放了。

死海漂浮

不管这个传说是否真实，死海倒的确是淹不死人的，即使不会游泳的人，也会漂浮在水面上，甚至还能读书看报呢！

死海为什么有这种奇异之处呢？关键在于死海的水里含有大量的食盐。据测定，死海的含盐量高达25%，是一般海水中食盐含量（约为3.5%）的7倍！这样高的食盐含量是不利于生物生长的，所以这个内陆湖成了死海；这样高的含盐量，使湖水的比重很大，超过了人体的比重，因此，人在湖水里不会下沉，不会游泳也能漂浮在水面上。这就是死海与众不同的“秘密”。食盐溶于水，就成了食盐的水溶液，死海里含有大量的食盐，形成了浓度较大的食盐的水溶液。上面提到的25%就是这一溶液的浓度，其含义是：在100克溶液里含有25克食盐，75克水。这种用溶质的质量占全部溶液质量的百分比表示浓度的方法，叫做质量百分比浓度，简称百分浓度。它是最常用的表示溶液浓度的

方法。

显然，百分浓度和溶解度的含义是不同的。溶解度是在一定温度下，100克溶剂里所能溶解的溶质的克数，百分浓度则是在100克溶液里所含溶质的克数。溶质在溶液里的含量达到其溶解度时，溶液就成为饱和溶液了。但在实际生产、科研和日常生活中，不仅需要饱和溶液，也需要各种浓度的稀溶液和浓溶液，因此也就有许多种表示溶液浓度的方法。

空瓶生烟之谜

预先准备好两个无色“空”广口瓶，瓶子大小一样，瓶口用塞子塞着。当着观众的面拔掉两个瓶口上的塞子，马上把一个瓶子倒过来，放到另一个瓶子的上面，瓶口对好。过了一会儿，就见在瓶子里出现了白色烟雾，白烟越来越多，迅速弥漫开来，情景颇为奇异。

为什么两个“空”瓶子上下叠置起来会发生白烟呢？原来，两个瓶子里并非真的“空空如也”。下面的瓶里预先滴进了几滴浓氨水，摇荡以后，氨水均匀地粘附在瓶壁上，使瓶子看起来像空的一样。上面的瓶子里滴进了几滴浓盐酸，也经过摇荡，盐酸均匀地粘附在瓶壁上。

浓盐酸是挥发性的酸，可放出氯化氢气体；浓氨水中溶解的氨气，也容易挥发逸出。所以，当两瓶子去掉塞子，一上一下口对口地放在一起时，两种气体就会扩散开来。它们的分子碰到一起，就发生了化合反应，生成一种新的物质——氯化铵，反应中发生的白色烟雾就是氯化铵的非常细小的固体颗粒造成的。两瓶一上一下地放在一起时，必须使沾上盐酸的瓶子在上，沾上氨水的瓶子在下。这样，较重的氯化氢气体向下扩散，与氨气相通，生成氯化铵。

门捷列夫与元素周期表

MENJIELIEFUYUYUANSUZHOUQIBIAO

一封令人惊奇的信

1875 年 9 月，在法国巴黎科学院的例行报告会上，宣读了青年化学家布阿博德朗的科学论文。论文报告说，就在 8 月份，当布阿博德朗用光谱分析的方法对比利牛斯山里的闪锌矿进行分析的时候，发现了一个新的化学元素。为了纪念自己的祖国，布阿博德朗给这个新元素取名为“镓”（Gallium），因为法国古时候被叫做“家利亚”（Gallia）。

又有新的元素被找到了！喜讯使在场的化学家们精神振奋，因为好久以来，他们之中谁也没有发现新元素了。而发现和研究新元素，是那时化学家们的一项极为重要的工作。

后来，又经过一段时间的研究，布阿博德朗把他所测得的镓的一些重要性质发表在《巴黎科学院院报》上。据他报告：新元素是金属，原子量是 69.9，熔点不高，比重是 4.7（就是同体积的水重的 4.7 倍）……过了不久，布阿博德朗收到了从遥远的俄国寄来的一封信，这封信的内容使他大吃一惊。

当时，邮递信件并不像现在这样方便。没有飞机，火车路线也是一小段一小段的，没有连成四通八达的线路。再说，那时候火车的速度比马车也快不了多少。布阿博德朗报告发现新元素的消息传到俄国，再从俄国寄信到法国，需要很长的时间。从信封上的邮戳看，写信的人在写这封信以前不可能有很长的时间来研究他的报告。可是，信里除了热烈祝贺他的新发现外，还明确地指出，对于新发现的元素镓，布阿博德朗弄错了一个数据——镓的比重应是 5.9～6.0，而不是 4.7。同时，信里还详尽地说明了镓应该具有的各种性质，包括布阿博德朗在报告中没有讲到的一些性质。例如，信中说到镓还能生成一些什么化合物，这些化合物的分子式应该是什么样的，等等。

更令人惊奇的事是，这位寄信来的俄国学者还说，关于这些，他并不是在布阿博德朗发现了镓之后，而是早在1871年和1872年，也就是三四年前就已经反复说过了。

布阿博德朗看了信以后，感到很奇怪。他敢断定，这位远在俄国的科学家手中并没有镓，甚至连镓是什么样子也没见过，为什么居然能够这样肯定地向他——镓的发现者指出，镓的比重不是他所测定的4.7，而是5.9～6.0。布阿朗本想立刻写一封回信反驳这位俄国学者，可是转念一想，觉得还是认真仔细地再作一些实验为好。他知道，只有拿出更可靠的科学实验结果来，说话才具有力量。

他决定用更加纯净的镓来做实验。为了得到更加纯净的镓，他又重新提纯。他非常仔细地操作着，哪怕是一点点杂质，也要想办法去掉。用这次得到的纯净的镓重新测定比重，没想到，奇妙的事情发生了！得到的结果，不多不少，正在那位俄国化学家指出的范围之内——5.94。消息传开以后，化学家们忙起来了，他们从这位俄国学者的来信中得知，早在4年以前，他就在一本德文杂志上发表文章，指明了这个新元素的性质。于是，他们赶快找来1872年出版的那本德国化学杂志，大家传来传去地看个不停。是的，那位俄国化学家的的确确是在4年前就已经把这一切都说得很清楚了。

这简直像神话一样！

在化学家们看来，这比神话还要神奇。要知道，这是真正的未卜先知呀！人们被这位俄国科学家的神奇预言征服了。

这位俄国科学家是谁？是怎么预先知道镓的各种性质的，而且还知道得那么准确？他就是伟大的化学家门捷列夫。

为元素构筑大厦

1867年，俄国彼得堡大学聘请年轻的化学家门捷列夫担任化学教授。当时，人们发现的化学元素已有63种之多，只是这些元素都杂乱无章地随意排列在教科书中，门捷列夫实在不愿用这样的课本来敷衍学生。他深信这些元素之间一定有一种内在的规律，他要给它们科学地排出一个队伍来。其实这项工作许多前辈科学家已经做过，虽然没有成功，却积累下不少经验与教训。门捷列夫在他们研究的基础上，决定从元素原子量入手进行工作。他把当时已经发现的63种元素的名称、性质等写在一张张卡片上，再按原子量由小到大的顺序把卡片排列起来。这时，各种元素的性质已显现出初步的变化规律了，只是还不理想，因为有几种元素显然破坏了这种规律性。门捷列夫试着调换了它们的位置，原来队伍又变得整齐了，可是原子量又不对了。会不会是以前有些元素的原子量测错了？门捷列夫怀着紧张激动的心情对这些元素重新进行了测定，他惊喜地发现，自己的猜测完全正确！这一成功更坚定了门捷列夫的信心。以后遇到排不下去的情况时，他便留出空位，并大胆地预言这是未发现的新元素。根据空位上下左右元素的性质，门捷列夫甚至推测出这些新元素的许多性质和特征。在短短的几十年中，这些预测都一一获得了验证。

经过两年多的努力，散乱的化学元素在“建筑师”门捷列夫的手中，终于变成了一座完美的“元素大厦”。所有的元素在这座大厦里都有自己的房间，无论横排还是竖排，它们的性质都呈现出极有规律的变化，这时是1869年。元素周期律的发现是化学发展史上的一个重要里程碑。它反映了元素的性质随着元素原子量的增加而呈周期性的变化。门捷列夫本人就曾运用元素周期律预言了当时尚未发现的6种元素（钪、镓、锗、锝、铼、钋）的存在和性质。此后，元素周期律在人们对元素和化合物性质的系统研究中起着指导作用。至今，元素周期律仍然是研究化学、生物、物理和地质学等科学的重要工具。

1955年，化学家发现了第101号新元素，为了纪念门捷列夫，科学家将101号元素命名为钔。

揭示元素的本质

我们现在都知道，在化学元素周期表中，除了第七周期的后面以外，其他的位置上，都已经各就其位，被已知的化学元素排满了。它们的顺序是严格的，不能任意地调换位置，更不可能在它们之间，插入一种新的元素。要有新元素出现，它也只能理所当然的，接着第七期的元素往后排，而且是只依其本身的特征，不依其发现的早晚，该排在什么位置，就固定地排在什么位置上。

人类掌握的自然界的奥秘，没有比元素周期表所反映的事实，更精彩、更天衣无缝的了。

下面我们就来简要地介绍有关元素周期律的创立及元素周期表的产生和发展的故事。

远古时期的人，不知什么是元素，

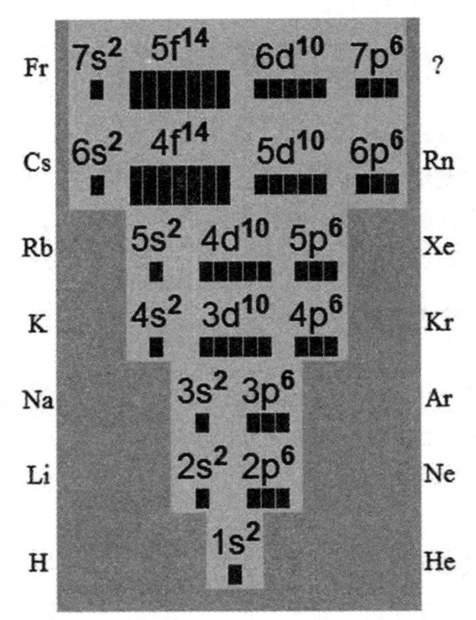

化学元素周期表一部分

对单质和化合物也不会加以区分。但他们从哲学的观点，有类似元素的所谓“原质”的概念，认为水、土、气、火、金、木等，按不同的比例组合，就能构成宇宙万物。到了16世纪，炼金术士和医药学家们，又增加了硫黄、水银、盐、油等物。直到17世纪中叶，由于科学实验的兴起，积累了一些物质变化的具体事实，才初步认识到，有解决关于元素概念的必要。

1661年英国学者波义耳提出了元素的概念，他说“……那些原始的和简单的，或是完全未混合的物质，这些物质不是由其他物质所构成，也不是相互形成的，而是直接构成称为完全混合的物体的组成部分，而它们进入物体后，最终也会分解”。这个概念被他叙述得如此费劲，现在的科学概念，几乎找不到这样长的文字描写。这在当时还没有原子、分子、单质、化合物等的概念，波义耳也就只能如此了。

就在波义耳建立了元素概念后的100多年中，人们发现了一些新元素，特别是燃素说兴起和死亡，元素概念才逐渐广泛地被人们所接受，从而出现了由拉瓦锡编制的第一张元素分类表。

1789年拉瓦锡在他发表的著作中，对波义耳所下元素的定义表示赞同以外，还补充说元素是“化学分析所达到的终点”。这样说就比波义耳的长篇大论更加确切了。同时他列出了一张元素分类表，包括有气体、非金属、金属和土质四类共33种，但其中光、热、石灰等也被他当成元素。可见他只是从物质外观去分类，并没有而且他当时也不可能，把各种元素按本质上的区别来加以分类。

由表及里揭示元素的本质，是从测定了元素的原子量之后，逐渐有了头绪的。

19世纪初，英国学者道尔顿提出了原子论，并认为原子应有一定的重量。他知道原子很小，无法测出绝对质量，就采用对比方法，人为地定出一个原子为基准，其他原子的质量就能以最简化的方法得到一个相对数。

最早道尔顿把氧的原子量定为5.5，后又修改为7。接着，瑞典化学家贝采里乌斯，分析他人的实验成果，自己再进行精密测定，通过思考，在1826年发表的原子量表中，氢的原子量为1，氧的原子量为16.02，还有碳、硫等其他共40多种元素的原子量。那些数据跟现代原子量表上所列的基本上是接近的。

元素有原子量，在其数值不够精确时，就有人开始注意到，元素性质跟其原子量之间，必有某种联系，并尝试着据此对它们进行分类。从19世纪的第二个年代（1819）起，整整经过50年，元素的分类终于以一张周期表的形式固定下来了。

这里说一张周期表，并非指仅此一页纸上，某人所编的表。这一张表是无数科学家的心血结晶。1869年前后起有了它，我们现在化学课本中还是它，它的基本结构是谁也改变不了的。过去，科学家们发现了它，现在科学家们在运用它所反映的万物之本的规律时，还在不断地发展它。

人们一说到元素周期表，就要提到俄国化学家门捷列夫。其实，早在门氏之前，德国人德柏莱纳在1819年，发现钙、锶、钡三种氧化物的式量（当时也没有分子及分子量的概念，用他自认为是原子量的数值），大者与小者的平均数，接近于居中者。后来他又发现了一些别的元素也有类似的情况，进一步扩大了“三元素组”的组数。

1850年德国人培屯科斐把已知的“三元素组”并列，发现性质相似的元素，并不只限于3种。此后的几年里，又有美国人库克、法国人杜马和德国人本生等，在研究了三元素组的基础上提出了在同组元素原子量之间，有一定的数学计算规律的初步看法。

1862年，法国矿物学家陈库尔杜斯，提出了关于元素的性质就是数的变化的论点。他把当时认为的元素62种，按原子量（并不精确而且有错）大小，标记在一个绕着圆柱体上升的螺旋线上，从中可以看到某些性质相似的元素，都基本上各处在一条条由上到下的垂直平行线上。他把论文、图表和模型交到了巴黎科学院，遗憾的是被积压了将近30年后才发表。

其后，还有德国人欧德林和迈尔分别发表了原子量（1864年）、原子符号（即元素符号）表和六元素表，英国人纽兰兹发表了元素的“八音律”表（1865年）。

在1869年以前，人们对元素的知识进行总结和归纳，出现了形形色色的“图”、“组”、“律”等，有几十种之多。他们的研究工作，一步步地向真理逼近，为发现元素周期律创造了条件。

同时，由1819－1869年的50年间，化学上相继发现新元素，改进了测定原子量的方法，有了元素化合价概念，等等。这些又都为更科学、更完整、更严密地编制元素周期表提供了丰富的素材。

现在，元素周期表早已为人们熟悉了，化学和物理学教科书里，各种手册里，甚至连常用的小字典里都印着它。那么，在这里我们先把元素周期表作一些简单的介绍。

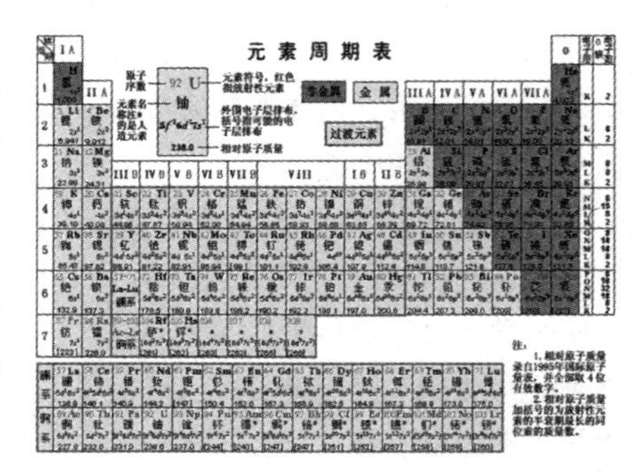

元素周期表

大家一定很熟悉剧场和电影院的坐次表吧。那是一张按剧场坐位画出来的表。如果你拿到一张电影票，只要看看那张表，不用走进电影院，就能知道自

己坐在哪儿，因为那张表上，把每个号码的位置都画出来了。

周期表就是化学元素的“座次表”。每个元素该坐在哪一行，哪一列，表上都写得清清楚楚。

下面的这张表就是现在常见的一种元素周期表。为了让初学的人容易了解，我们简化了它的内容。

初见到这张表的人常常会产生这样的问题：为什么要把这张表叫做元素周期表呢？

在我们周围的世界中，存在着形形色色、各不相同的许多种类的物体。这多种多样的物体，都是由为数不多的一些元素的原子所构成。到目前为止，人们已经发现的元素（包括人造元素）一共只有一百多种。

由同一种元素的原子组成的物质，叫做单质。例如，金、银就都是单质，因为它们分别由同一种金元素和同一种银元素的原子所组成。氧气、氢气也都是单质，它们分别由氧元素和氢元素的原子组成为氧气和氢气的分子。

由不同元素的原子互相化合而成的物质，叫做化合物。例如，我们每天都离不开的食盐和水，就都是化合物。食盐是由钠元素的原子同氯元素的原子互相化合而成的；水是由氢元素的原子同氧元素的原子互相化合而成的。

把这一百多种化学元素，按照它们的原子核所带的电荷的多少（即原子序数），依次排列起来，这些元素以及由它们所组成的单质和化合物的性质，就表现出有规则的变化，并且经过一定的间隔，就重复出现这种有规则的变化。

例如，从第三号元素锂到第十号元素氖，这 8 个元素的单质，由典型的金属锂，经过金属性较弱的铍，过渡到非金属硼和碳，再经过非金属性越来越强的氮和氧，到典型的非金属氟，然后经过惰性气体氖便又出现了典型金属钠。从第十一号元素钠，到第十八号元素氩，又重复出现上面的这种有规则的变化，依次出现典型的金属、金属性较弱的元素、非金属、非金属性较强的元素、典型的非金属，最后出现另一个惰性气体氩。类似这种周而复始的变化，共达 7 次之多。这种类似性质的元素之间的间隔，便叫做周期。

因此，人们把这种元素以及由它们所组成的单质和化合物的性质，随着原子序数的增大而周期地改变的规律，叫做元素周期律。

提纯后的硼

根据元素周期律，人们把这些元素按周期和族类列表排出，以便于学习和应用。这种表就叫做元素周期表。

门捷列夫

在周期表里，我们把横排叫做周期。现在的周期表里，共有 7 个横排，就是有 7 个周期。纵行叫做族，就是家族的意思；族里面还有主族和副族之分。现在的周期表里共有 8 个主族，它们是第一到第七主族和零族。还有 8 个副族，它们是第一到第七副族以及第八族。表的左侧标出的阿拉伯数字，代表周期的次序；表的上方的罗马数字代表族的次序；罗马数字右边的字母 A 代表主族，B 代表副族。

以前混乱的、互相间好像毫无联系的各种元素，在周期表里都整整齐齐地排好了队。它们排列得就像少先队员们排队时那样整齐，横看横成列，竖看竖是行。不过，少先队员排队是按个子高矮，而元素排队是按它们的核电荷数的多少（门捷列夫当时是按原子量的大小）来排列的。

由于元素周期表是根据元素周期律排列出来的，因而在每一个横排也就是同一个周期里的元素的性质，从左到右都呈现出有规则地变化；每一竖行也就是同一族里的元素，都具有相似的性质，并且这种性质依照从上到下的次序也呈现出逐步增强或者减弱的趋势。

通常人们都用元素的金属性和非金属性来表示这些规律。

什么是元素的金属性和非金属性呢？

一种物质如果像金、银那样闪闪发亮，人们就说它有金属光泽。金属光泽就是一种金属性。通常所说的金属性还有传热、导电等。不过这类性质都不牵涉到物质成分的改变。所以它们都属于物质的物理性质。物质的金属性的更重要的表现，还在于它们的化学性质，也就是物质在发生化学反应的时候所表现出来的性质。一个典型的金属能和氧、和非金属、和酸等物质起化学反应。一般衡量一个元素的金属性是强还是弱，是看它的最高氧化物和水起反应所生成的化合物的碱性是强还是弱。一个元素的最高氧化物的水化物如果呈现碱性，那么，这个元素就呈金属性，碱性越强，元素的金属性也越强。

比如说钠元素吧，它除了具有金属

光泽，能传热导电，并能和氧、非金属、酸等物质起反应外，它的氧化物也就是氧化钠，能和水反应生成氢氧化钠。氢氧化钠是一个很强的碱（俗称火碱），因此，钠就被认为是一个金属性很强的元素。

同样的道理，一个元素的非金属性，也是用类似的方法去判断。不过，标准正好和前面说的相反，是看它的最高氧化物水化物的酸性如何了。一个元素氧化物的水化物酸性越强，就说明它的非金属性越强。

例如硫元素，它的最高氧化物（三氧化硫）的水化物是硫酸。硫酸是著名的三大强酸之一，因此，硫是一个具有较强的非金属性的元素。

在元素周期表里，元素的金属性和非金属性表现出明显的有规则的变化：在同一周期里，元素的金属性随着原子序数的增加而减弱，元素的非金属性随着原子序数的增加而加强。

钠元素的氧化物水化物——氢氧化钠，是一个著名的强碱。

镁元素的氧化物水化物——氢氧化镁，是一个中等强度的碱，比氢氧化钠要弱得多。

铝元素的氧化物水化物——氢氧化铝则是一个典型的两性化合物，它既能同酸发生反应表现出碱性，又能同强碱发生反应而表现出酸性。

硅元素的氧化物水化物——硅酸，是一个极弱的酸。

提纯后的磷粉

磷元素的最高氧化物水化物——磷酸，是一个中强酸，比硅酸的酸性要强得多。

硫元素的最高氧化物的水化物——硫酸，已经是一个著名的强酸了。

氯元素的最高氧化物的水化物——高氯酸，是无机酸中最强的酸。

同一个主族里的元素，具有相似的性质。比如，第一主族的元素，除氢元素外，都是金属性很强的元素，它们的氧化物水化物都是强碱，所以，人们又把它们叫做碱金属。第七主族的元素，都是非金属性很强的元素，它们的最高氧化物水化物都是强酸。

在同一主族里面，随着原子序数的递增，元素的金属性增强，非金属性减弱。比如，在第三主族里，最上边的元素硼的非金属性较强，它的氧化物水化物是一个弱酸，就是平常眼科医生给病人洗眼用的硼酸。硼下边的元素铝，已经说过是一个两性元素，既具有明显的金属性，也有一定的非金属性。而这一家族的最下边的成员铊，就具有较强的金属性，它的最高氧化物水化物已经是一个典型的碱，而不具有酸性了。

在元素周期表里，元素的化合价，也就是一种元素的原子，能和其他元素的原子相结合的数目，也表现出有规则的变化。

不只是金属性、非金属性和化合价，元素的几乎所有性质，在同一周期和同一族里，都是按顺序逐渐变化的。这种情况，我们常用递变这个词来表示。

不过，当年在门捷列夫初次排出周期表的时候，那张表还不像现在这么完整。因为，当时人们只知道63种元素，许多元素还没有被发现，所以在门捷列夫排周期表的时候，曾经碰到了许多困难。要不是他对科学的信仰，要不是他有坚强的毅力，要不是他具有非凡的预见，要从当时那些杂乱无章的元素知识中找到这样的规律，并排列出这张表来，实在是不可能的。这些故事，我们将在下面再讲。

预测新元素之谜

现在就来讲一讲，门捷列夫是怎样使用他的法宝，来预测当时还不知道的新元素的。例如，他是怎样知道他还没见过的镓的性质的。

门捷列夫在排列周期表的时候，给当时还没有发现的元素留了一些空格。例如，他给镓留的空格就是第三主族里的第三个格子。在这个空格的周围，有三个元素是已经发现了的。它们是铝（Al）、锌（Zn）、铟（In），第四个相邻的元素当时也还没有被发现，所以也空着一个格子。但是这个空格子右边，是人们熟悉的元素砷（As）。我们把周期表的这一部分以及那时测定的原子量列在下面：

在镓该占据的那个空格里，门捷列夫填上了一个名字叫类铝的元素，意思就是说，这个还没有被发现的元素应该和它“楼”上住的元素——铝的性质很相似。根据同样的理由，旁边的一个未知元素，门捷列夫把它叫做类硅。门捷

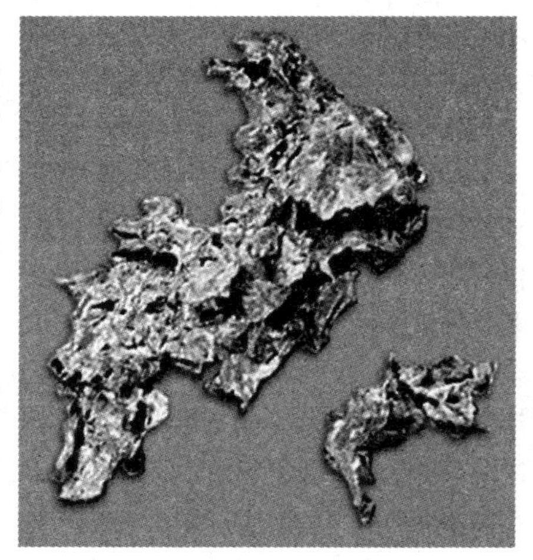

提炼后的锌块

列夫还预测了它们应该具有的各种性质。

这说起来似乎很神奇，其实，门捷列夫在掌握了元素性质的递变规律，并且有了根据这些规律而排列出来的元素周期表以后，就能够毫不困难地推断出未知元素的各种性质来。

※三元素组和八音律

在门捷列夫发现元素周期律以前，化学这门学科已经诞生了200年以上。在这段时间里，这门学科虽然有了很大进展，但是，总的说来，它只是积累了很多零散的知识而已。这些知识之间的内在联系如何，怎样才能把它们系统起来，还是没有解决的问题。因此，这时的化学学科，就像个管理不好的库房一样，虽然各种材料很多，但是东一摊、西一摊，放得乱七八糟，毫无规矩。

当时学校里的化学老师，包括大学里专门教化学的教授在内，在这一大堆乱七八糟、漫无秩序的材料面前，对于如何组织教学，谁也拿不出好主意来，只能各行其是。有的人先从氢讲起，因为它最轻；有的先讲氧，因为它分布最广；有的先讲铁，因为它是最常见的金属；……

化学家们实在不能继续容忍这种混乱的状态了！大家都在想，怎样才能找到一个规律，把这些各种各样的元素有系统地排列起来，把这些杂乱无章的化学现象和化学知识系统化起来。

1829年，德国化学家段柏莱纳在比较各种元素的原子量的时候，注意到有几个化学性质很相似的元素组，每组包括三个元素。在每一组的三个元素中，按原子量的顺序排列，中间那个元素的原子量大约是两边的元素原子量的平均值。

例如：锂、钠、钾三种元素的性质就很相似，它们都是金属，能和水激烈地反应放出氢气，并且生成很强的碱。排在中间的元素钠，它的原子量（23）正好是锂（7）和钾（39）原子量之和的1/2。

氯、溴、碘三个元素都是非金属，

装在瓶中的溴

都能和金属起反应，它们的原子量也有上边说的那种情况。

这样三个元素一组，共找到5组。段柏莱纳把它叫做三元素组。

三元素组的分类方法，虽然比过去进了一步，但它只包括了15个元素，还有几十种元素没有归纳进去。另外，这一组一组的元素相互间有什么关系，段柏莱纳也说不出来。

在这以后，还有许多人尝试过用各种方法分类和归纳元素，试图从中找出规律性的东西。其中比较引人注意的一种方法，就是英国人纽兰兹提出的八音律。

在音乐中，当我们把音符1（do）、2（le）、3（mi）、4（fa）、5（so）、6（la）、7（ti）、1（do）、2（Le）、3（mi）……排列起来的时候，你从任意一个音数起，数到第八个音时，一定和第一个音的唱法一样，这两个音之间的距离就是八度。

纽兰兹把当时已知的元素按原子量一个比一个增加的顺序列成行的时候，他发现，从任何一个元素开始，数到第八时，就会出现一个和第一个元素性质相似的元素，好像音乐中的八度音一样。纽兰兹把这种现象叫做八音律。

纽兰兹根据八音律把当时已经知道的元素编了号，排成了下面的这张表：

纽兰兹的《八音律表》

H	1	Cl	15	Br	29	I	42
Li	2	K	16	Rb	30	Cs	44
Be	3	Ca	17	Sr	31	Ba 和 V	45
B	4	Cr	19	Ce 和 La	33	Ta	46
O	5	Ti	18	Zr	32	W	47
N	6	Mn	20	Di 和 Mo	34	Nb	48
F	8	Co 和 Ni	22	Pd	36	Pt 和 Ir	50
Na	9	Cu	23	Ag	37	Os	51
Mg	10	Zn	24	Cd	38	Hg	52
Al	11	Y	25	U	40	TI	53
Si	12	In	26	Sn	39	Pb	54
P	13	As	27	Sb	41	Bi	55
S	14	Se	28	Te	43	Th	56

从这张表里元素排列的顺序来看，在第一行氢、锂、铍、硼、碳、氮、氧这7种元素之后的氟、钠、镁、铝、硅、磷、硫分别和前7种元素相似。第22行的氯、钾、钙也分别和氟、钠、镁性质相似。再往后就不能令人满意了，比如22号位置上的钴和镍，同前面的氟、氯的性质便没有什么相似的地方。1866年，纽兰兹在英国化学会的年会上报告了他的这种分类方法。遗憾的是，他不但没有受到应有的鼓励，反而因为回答不出听众提出的许多问题而受到了奚落。伤心的纽兰兹失去了勇气和信心，放弃了他的理论研究工作而改行去干别的事了。

这样，化学家们尝试把元素系统化的努力又一次失败了。

给元素“洗牌”

1867年，也就是纽兰兹在英国化学会上报告八音律的第二年，33岁的门捷列夫开始在俄国最著名的大学——彼得堡大学讲授无机化学。

无机化学当时是关于元素和元素的各种化合物的一门学科，是培养化学专家的一门必不可少的课程。

为了讲好这门课程，门捷列夫几乎参考了所有的无机化学课本，看了许多当时有名的化学家的著作。他希望自己讲的课能够做到材料充分，富有条理，让学生们容易接受，能学到系统的知识。他讲的课很受学生的欢迎，但是门捷列夫对此一点也不满足。学生们迫切需要教科书，而用俄文编写的仅有2本，又都不适用。1868年秋，他决心自己动手来编写一本新的教材。他一边继续研读资料，一边拿出讲课的速记稿，反复推敲。但是，资料看得越多，他就越是感觉到混乱，理不出个头绪来。

门捷列夫感到很苦恼，他思考了很久，也没找到一个能够解决问题的好办法。他知道，无机化学之所以这样混乱，原因不是别的，就是人们还没有找到化学元素之间的规律性的联系。而没有这些知识，要想讲好无机化学课，要想把无机化学知识系统化起来，编出一本好的教材，那简直是不可能的。

※找到了方法

为了进一步发展化学这门科学，门捷列夫下决心探索元素间的规律。要做到这一点，首先就应该把人类已经积累起来的关于元素的知识收集起来。对于门捷列夫来说，这件事并不十分困难。因为在这以前的几年里，他已经收集了这方面的一切能够得到的材料。现在的问题是，怎样分析这些材料。

他想到了对比法——这个曾经帮助过他和许多科学家的方法。两种材料的对比，能使人认识到它们的相似和区别；对比更多的材料还能找到它们之间的关系和规律。

门捷列夫做了许多大小相同的厚纸

卡片，细心地把每一种元素的各种性质写在一张卡片上。元素的名称、符号、原子量、颜色、比重、化合价等，都写了上去。每个元素一张卡片，就像一叠扑克牌一样。

开始，他想按照元素的颜色排列卡片和比较各个元素，以便找出它们相互之间的内在的联系。他很快发现这行不通，因为任何元素在温度改变的时候，都可以由固态变为液态，甚至再由液态变为气态。而较少元素在不同的存在状态下，颜色并不相同。

碘在固态的时候是紫黑色，而受热变成蒸气的时候，却是很漂亮的紫色。液态氯是黄色的，而氯气却是黄绿色的。不但如此，有些元素，由于制取方法不同，结晶的形状就不同，颜色也不相同。例如磷，在不同的条件下结晶的时候，可以分别生成白色的白磷、红色的红磷和像石墨一样的黑磷。

后来，门捷列夫又想去比较各种元素的比重。可是，他发现，比重和元素的某些其他性质，如导电性、导热性一样，都不是元素的根本性质，它们都会随条件变化而变化。例如，温度升高，元素的比重就会减小，导电性也随之减小。他想，用比重来比较元素，并没有抓住本质，也是行不通的。

那么，究竟用什么作为排列和比较元素的依据呢？门捷列夫打开他所积累的资料，仔细地研究起前人失败的纪录来。他觉得，好好总结一下失败的教训，也许能找到一条成功的道路。

段柏莱纳的三元素组虽然包括的元素只有 15 个，但是，在他排列出的这 5 组元素里面，显然是反映出某种规律的。这就使得门捷列夫很自然地产生了一种想法：化学元素的原子量与其特性之间应当是有联系的。在学习和分析了前人各种各样的分类方法以后，门捷列夫逐渐明确了这样一种思想：应当抓住原子量这一元素的根本属性，作为元素列队编序的基础。

因为原子量是永久伴随着元素而又始终不变的量。

方向明确了，门捷列夫很高兴。他拿起那一叠卡片走到一张桌子前面，就像玩扑克牌游戏一样，一张一张地摆了起来。一条无形的线形成了。

人们在玩扑克牌的时候，多半是轻松愉快的，有时还带上点漫不经心的劲头。可门捷列夫的扑克游戏却实在让他绞尽了脑汁！

轻轻的卡片在门捷列夫手里就像一块铁板那样有分量，他把卡片一张接一张地摆成一行，每放下一张卡片，他就停下来思索一会。铍很使他为难，因为铍的原子量究竟是多少，在化学家中间是有分歧的。

当时，许多元素的原子量是这样测定的：通过实验可以测出某一种元素的当量，然后乘以它的化合价，便得到这种元素的原子量。这里所说的当量，是指这种元素同 8 份（重量）的氧或 1 份

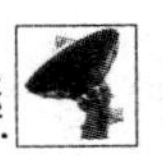

的氢化合的份数。在当时，已经能够比较准确地测定一个元素的当量；但是，要确定它的化合价，却常常会遇到很大的困难。拿铍来说，人们发现它的许多性质同铝很相似，便认为它是8价的元素，并且根据这一点把它的原子量定为：4.5（当量）8（化合价）=13.5。但是，后来又有人指出，铍的某些性质同镁类似，应当是2价元素，原子量当然也就应当定为4.52=9。门捷列夫在起初是赞同前面那种意见的，所以，在桌面上就出现了这样一个行列。

在这一行元素排成的队伍里，除了铍以外，其他元素的确排成了一个很有规律的队伍：随着原子量一个比一个增大，化合价从+1逐渐增大，然后再回到+1；元素的性质也是从强金属性逐渐过渡到强非金属性。这里的确是形成了一个周期性的变化。

可惜的是铍破坏了这个排列顺序，从化合价来讲，在+4和+5中间插进了一个+3，看起来实在有点碍眼。

究竟是元素之间并没有一个随原子量递增而出现性质递变的规律呢，还是铍不应该在这个地方出现呢？

※卡片里蕴藏的秘密

门捷列夫重新把写着铍的那张卡片拿了起来，他在桌前踱来踱去。突然，他想起了另外一种观点，如果铍是镁的同类元素，它的化合价就是+2，原子量应是9。门捷列夫试着把铍的卡片按照新的原子量插到它应当放的地方——锂和硼之间。一向沉着的门捷列夫也不禁大为激动起来：“真是好极了！”无论从化合价的变化看，还是从金属性到非金属性递变的情形看，都是完全合适的了。不仅如此，挪了铍这张卡片，从原子量看，碳和氮中间就不再那么挤得慌了，锂和硼中间也就不那么松散了。

一排整齐而又有规律的元素队伍排列好了。门捷列夫又调动了一下“队伍”，让化合价相同的元素列在同一行上：

H=1

+1

Li=7　Be=9.4　B=11　C=12

N=14　O=16　F=19　+1　+2

+3　+4，−4　+5，−3　−2　−1

Na=23　Mg=24　AI=27.4

Si=28　P=31　S=32　Cl=35.5

+1　+2　+3　+4，−4　+5，

−3　+6，−2　+7，−1

K=39　Ca=40　+1　+2

“元素的性质周期地随着它们的原子量而改变”的规律，就是这样地被门捷列夫找到了。

门捷列夫心中充满了激动和喜悦。一条无形的线，一条贯穿整个元素队伍的线，在门捷列夫的脑海里终于形成了！

※预留空位

新的成果鼓舞着门捷列夫，但是，

他知道，接着而来的肯定不是“顺利”两个字。

门捷列夫想的一点也不错，等着他的，的确是一个接一个的困难。

为了使元素的周期性变化看起来更明显和更清楚，门捷列夫从锂排到氟，又从钠排到氯，再从钾往下排到钙，情况都是叫人十分满意的：

H

Li　Be　　B　C　N　O　F　Na

Mg　Al　Si　P　S　Cl　K　Ca

门捷列夫看了看这个方阵，满意地点了点头，打算继续往下安放手里的卡片。没想到，立刻就出现了问题。

按照上边已经排出的方阵，钙后边的元素应该是+3价的一个金属，它的原子量只应该比钙稍大一些。可是，就当时所知，按原子量说，钙后边的元素就是钛了。钛的化合价不但不是+3价，而且原子量也由钙的40竟然一下子增大到了50（钛的原子量当时认为是50，实际应为47.9）。而且，跟在钛后面的几个元素的性质，也同上一行相应的元素对不上号。出现了下面的局面：

Na=23　Mg=24　Al=27.4

Si=28　P=31　S=32　Cl=35.5

+1　+2　+3　+4　+5　+6　+7

K=39　Ca=40　Ti=50

V=51　Cr=54　Mn=55

+1　+2　+4　+5　+6　+7

这是门捷列夫取得新成果以后碰到的第一个难题。怎么办？

为了这个钛，门捷列夫一会儿站起来，一会儿又坐下去，烟斗里的烟冒个不停。他紧张地思考着。

想着想着，门捷列夫突然醒悟，他兴奋地大声说道：“这当中还缺一个元素——一个未知的元素！它应该位于钙和钛之间，是一个3价的元素，原子量应该是4.5左右。”然后，他拿出了一张空白卡片，写下了这个未知元素的几个数据。

当他把这张卡片放进方阵里以后，元素的队伍又整齐起来了。他轻松地舒了一口气。

就这样，门捷列夫第一次预言了一个新元素！

与此类似，门捷列夫还另外留出了两个空位，并且预言了他称之为类铝和类硅的两个元素的各种性质。

门捷列夫用给当时尚未发现的元素预留空位的办法，使得元素的队伍又整齐起来了。这就克服了阻碍前进的一大困难。

※请回原位

改动铍的位置和改正它的原子量这件事使门捷列夫很受启发：这说明，在当时已经发现的63个元素里，可能还有测错了的原子量的元素。

哪些元素的原子量是正确的，哪些是错误的？它们混在一起，让你难以分辨。必须把测错原子量的元素找出来！门捷列夫给自己提出了又一个艰巨的任务。

这一次，门捷列夫没费多大工夫就想出一个好主意来。根据已经获得的结果，

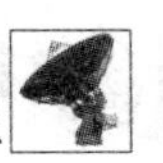

凡是原子量有错误的元素，肯定会排在它不该排的位置上，只要根据它的其他各种性质把它放回到它应该在的位置上，正确的原子量自然就大致清楚了。

修正铍的原子量使门捷列夫取得了经验，他开始对那些位置和性质不一致的元素，一个一个地进行细致地研究。

我们可以拿铟（In）来做例子。当时人们公认铟的原子量是76，所以应该排在原子量为75的砷和原子量为79的硒中间，但是铟和砷、硒的化学性质既没有相似之处，也没有递变的趋势：铟是金属，而砷和硒都是非金属。这显然是一个不合适的位置，就好像站队的时候一个大高个子没有站在队尾而站在排头几个小个子中间一样。因此，1869年，门捷列夫在排出第一张元素周期表的时候，他在铟（In）的前面画了一个大问号，并且把它放在表的下方，而没有放在砷和硒的中间。

提炼后的镉

后来，门捷列夫在对铟进行了仔细研究以后，根据它的化合价（＋3价）和金属性的强弱，认定它应该列在硼这一族里，并且应该位于第五周期的镉和锡之间。但是，在这个位置上的元素，原子量绝不能是76，而应该是114左右。并且这个位置已经被铀（当时认为铀的化合价是＋3价，原子量是116）占据了。

经过反复的考虑，门捷列夫根据铀的氧化物同铬、钼、钨的氧化物性质相似，认定它们应当属于同一族。因此，他判断铀应当是＋6价，于是就把它的原子量增加1倍，修订为240，并且把它放到正确的位置上。这才为铟腾出了地方。然后，门捷列夫根据铟应当是3价元素的认识，把它的原子量修订为113.4（现代测定，铟的原子量为114.82），正确地把它放在镉和锡之间。这些情况在1870年的元素周期表上才得到反映。

门捷列夫在排列元素周期表的过程中，先后用这种请回原位的方法一共修正了近10个元素的原子量，还建议重新精确测定另外几个元素的原子量。

※让元素对号入座

以后，门捷列夫连续奋战，终于在1869年3月1日把63个元素归纳到一个表格里去了，这就是最初的元素周期表。

元素周期表的诞生，开创了化学科学发展的新纪元。从此以后，各种化学元素之间再也不是彼此孤立、各不相关的了。有了周期表，人们不仅总结了已有的知识，而且可以预见未来，按图索骥，有目的地去发现新元素。

进入电子时代

※在原子内部

19 世纪末和 20 世纪初，为了探索原子内部的奥秘，一批批物理学家和化学家贡献了自己的劳动，终于使人们对于原子和原子的内部有了更多的认识。

原子有多大？它里面是什么样子？它是怎样构成的？这些问题都逐渐为人们所了解了。

原来，原子很小很小，如果把一亿个原子排成一行，也不过大约 1 厘米长而已。所以，它只是一颗颗非常小的微粒，小到既看不到又摸不着的地步。

可是，在这个如此微小的微粒里，也存在着一个组织周密、结构谨严的世界。我们把它叫做微观世界。相对微观世界来说，我们周围的这个大世界——太阳啊、月亮啊、地球啊、各种物体啊，等等，就叫做宏观世界。

在原子这个微观粒子中，有一个核，叫做原子核。原子核的周围有若干个电子在围绕它运动着。这种情形有点像我们所处的宏观世界的太阳系——太阳在中间，周围是绕它运动着的地球、火星、土星、天王星、海王星等。当然，这只是比喻，其实的情况并不一样。

在原子内部，原子核带有正电荷，电子带有负电荷。

地球绕着太阳运动而不会离开它的轨道，是靠太阳与地球之间的引力。原子里电子绕着原子核运动，是靠原子核的正电荷对它的吸引。

在原子中，原子核只占极小的一部分体积，因为原子核的直径大约只有原子直径的万分之一，但是原子的质量却几乎全部集中在原子核中。原予核虽然很小，但也有复杂的结构。在这方面，科学家还没有完全弄清楚，不过，大家公认原子核是由质子和中子组成的。

现在已经知道，质子和中子的质量几乎相等，而电子的质量却小得多，只相当于质子质量的 1/1836。所以，原子核的质量几乎就等于整个原子的质量。

质子和中子虽然质量相同，带电情况却不同。质子是带电的，而且一个质子带的是一个单位的正电荷；中子既不带正电荷也不带负电荷。这就是说，原子核带的正电荷完全来自质子。一个原子核有几个质子，那它就有几个正电荷，这也就是原子的核电荷数。

同一个质子带一个单位的正电荷一样，一个电子带一个单位的负电荷。

原子是呈电中性的，因此，原子的核电荷数必然等于它的核外电子数。只有这样，质子带的正电荷和电子带的负电荷才能刚好抵消，原子对外也就不显电性了。

以上这些，就是人们到了 20 世纪 30 年代以后所知道的原子内部的简单

情形。就是这些关于原子结构的知识，丰富了人们对于周期表的认识，帮助人们揭开了元素周期表里的许多秘密。

※数原来就是质子数

原子结构的秘密被人们初步揭开以后，不少科学家都在考虑这样一个问题：元素的原子结构同它在周期表里的座位有没有什么关系？

一位年轻的英国物理学家莫斯莱，首先在这个问题上做出了重大的贡献。

在莫斯莱以前，有的科学家已经注意到，用不同的元素做成的X射线管中的靶子（对阴极），发射出来的X射线的穿透能力是不同的。原子量越大的元素，发出的X射线的穿透能力越强。这种具有特殊穿透能力的X射线被叫做特征X射线。

1913年到1914年间，莫斯莱系统地研究了各种元素的特征X射线。他借助于一种亚铁氰化钾的晶体，摄取了多种元素的X射线谱。他发现，随着元素在周期表中的排列顺序依次增大，相应的特征X射线的波长有规则地依次减小。莫斯莱根据实验的结果认为，元素在周期表中是按照原子序数而不是按照原子量的大小排列的，原子序数等于原子的核电荷数。

原子序数原来就是原子核里的核电荷数！莫斯莱的这个发现，第一次把元素在周期表里的座位和原子结构科学地联系在一起了。这个发现，给科学家们展现了一个广阔的研究领域。可惜的是，这位勤奋而又有才能的青年科学家，竟然刚27岁的时候，就牺牲在第一次世界大战的战场上了。

后来，在发现了质子和中子以后，人们终于认识到，决定一个元素在周期表中的位置的，只是它的原子核中的质子数。

例如，氢元素的原子核里只有1个质子，核电荷数是1，所以它必然就排在周期表里的第一位。碳元素的原子核里有6个质子，核电荷数是6，因此它就应该排在周期表里的第六位。而钾元素的原子核里共有19个质子，核电荷数是19，当然它就是周期表里的第19号元素了。

反过来也一样，周期表里第几位上的元素，原子核里一定有几个质子。例如，氯是周期表里的第17号元素，它的原子核里也就有17个质子，核电荷数自然也就是17。

可以说，有了这个发现，就解开了周期表当中几个谜题。第一个被解开的谜，就是那个让人大伤脑筋的问题——氢和氦之间还能不能再有新元素。

根据这个发现，人们知道氢原子核里只有1个质子，应该排在周期表里的第一位，而氦原子核里有2个质子，当然应该占据第二位。虽然在周期表上它们的中间隔着好大一块空地，可是质子数在1和2之间的原子，肯定不会再有了。

第二个被解开的谜，就是几对元素的顺序倒置问题。前面已经说过，门捷列夫在发现元素周期律的时候，是按照元素的原子量大小的顺序编排元素的。按照当时大多数化学家测定的数值，钴的原子量是59，镍的原子量是58.7；碲的原子量是128，碘的原子量是127。按照原子量大小的顺序，镍应该排在钴的前面，碘应当排在碲的前面。可是，按照同族元素应该具有相似的性质这个规律（拿化合价来说，碲的最高价为＋6价，应当同硫、硒等排在一族；碘的最高价为＋7价，应当同氯、溴等排在一族），它们排列的次序就应该颠倒过来。后来，还有氩（39.9）排在钾（39.1）的前面和钍（232）排在镤（231）的前面这两个原子量的顺序颠倒的问题。

不过，当年门捷列夫对于元素的性质随着原子量的增大而发生周期性的变化这一点是深信不疑的。他始终认为一定是人们把钴和镍、碲和碘、氩和钾的原子量测定错了。所以，在他自己排的周期表中仍然是把钴放在镍的前面，把碲放在碘的前面，把氩放在钾的前面。他在生前一直在期待着化学家给钾、镍和碘增大原子量，或者给氩、钴和碲减小原子量。但是，门捷列夫的这个期望终于落了空。后来尽管科学家对于这些元素的原子量测定得更精确了，但是，它们的原子量确实是氩大于钾，钴大于镍，碲大于碘。所以，多少年来，这个所谓的顺序倒置问题就成了一个不解之谜。

现在，莫斯莱等人的新的发现，一下子就解决了这个难题：元素在周期表中应该按照它的原子序数，也就是按照原子核中质子数的顺序来排列，而不应当按照原子量的大小来排列。

钾原子核里的质子数恰好比氩多1、碘比碲多1，镍又比钴多1。所以，氩和钾、碲和碘、钴和镍的顺序完全是正确的，并不存在什么颠倒的问题。

不过，这个问题总让人觉得没有彻底解决。因为绝大多数的元素都随着原子序数的增大，随着质子数的增多，原子量也相应地增大。只有这几对元素的原子量没有按照这个顺序增大，反而是原子量大的排在了前面，原子量小的排在了后面，这是为什么？原子也有多胞胎？后来弄清楚了，这个问题的关键也是在原子核里。

原来，同一种元素的原子核里面具有相同数目的质子，也就是具有相同的核电荷数，核外的电子数目和它们的分布状况当然也完全相同，因而就具有相同的化学性质。而不同元素的质子数一定不同，核电荷数和核外电子数也一定不同，它们的化学性质也就不同了。因此，在化学上给元素下的定义是：含有相同质子数目的一类原子的总称。

可是，对于原子核的进一步研究却发现，同一种元素的原子里，质子数虽然一样多，但中子的数目却不完全相同。

拿氢元素来说吧，它所有的原子里，都只有1个质子，可中子数却不一样。有的氢原子里根本没有中子，有的氢原子里有1个中子，还有的氢原子里竟然有2个中子！这3种氢原子的化学

性质几乎完全一样，很难区别。就好像一胎生下来的3个孪生兄弟——三胞胎，长的一模一样。中子数不同的氢原子就是原子世界中的三胞胎。

原子也有多胞胎！

原子里的多胞胎，质子数完全一样，属于同一种元素，在周期表上当然占据同一个位置。因此，人们也把它们叫做同位素。

同一种元素的几个同位素虽然化学性质相同，但在物理性质上却不完全相同。比如，它们的原子质量就一定各不相同。那些在原子核中含中子多的原子，原子质量就大些，含中子少的原子，原子质量就要小些。

※电子排布的秘密

人们在研究原子核的同时，也对核外的电子进行了研究。知道了核电荷数，也就是知道了核外电子数，因为这两者总是相等的。但是这些电子在原子核外的状态是怎样的呢？它们是怎样分布的，怎样运动的呢？这还是一个秘密。

从大量的科学实验的结果中，人们知道了，电子永远以极高的速度在原子核外运动着。高速运动着的电子，在核外是分布在不同的层次里的。我们把这些层次叫做能层或电子层。能量较大的电子，处于离核较远的能层中；而能量较小的电子，则处于离核较近的能层中。

人们还发现，电子总是先去占领那些能量最低的能层，只有能量低的能层占满了以后，才去占领能量较高的一层，等这一层占满了之后，才又去占领更高的一层。

第一层，也就是离核最近的一层，最多只能放得下2个电子；第二层最多能放8个电子；第三层最多放得下18个电子；第四层最多能放32个电子；……

现在已经发现的电子层共有7层。

不过，当人们对很多原子的电子层进行了研究以后发现，原子里的电子排布情况，还有一个规律，这就是：最外层里总不会超过8个电子。

当人们把研究原子结构，特别是研究原子核外电子排布的结果同元素周期表对照着加以考察的时候，发现这种电子的排布竟然和周期表有着内在的联系。

为了说明的简便，我们只拿周期表中的主族元素同它们的核外电子排布情形对照着看一看。先从横排——周期来看：

在第一周期中，氢原子的核外只有1个电子，这个电子处于能量最低的第一能层上。氦原子的核外有2个电子，都处于第一能层上。由于第一能层最多只能容纳2个电子，所以，到了氦第一能层就已经填满。第一周期也只有这2个元素。

在第二周期中，从锂到氖共有8个

元素。它们的核外电子数从 3 增加到 11。电子排布的情况是：除了第一能层都填满了 2 个电子而外，出现了一个新的能层——第二能层；并且从锂到氖依次在第二能层中有 1～8 个电子。到了氖第二能层填满，第二周期也恰好结束。

在第三周期中，同第二周期的情形相类似。除了第一、二两个能层全都填满了电子外，电子排布到第三能层上，并且从钠到氩依次增加 1 个电子。到了氩，第三周期完了，最外电子层也达到满员——8 个电子。

再从竖行——族来看：

第一主族的 7 个元素——氢、锂、钠、钾、铷、铯、钫的最外能层都只有 1 个电子，所不同的只是它们的核外电子数和电子分布的层数。氢的核外只有 1 个电子，当然也只能占据在第一能层上；锂有 2 个能层，并且在第 2 能层上有 1 个电子；钠有 3 个能层，并在第三能层上有 1 个电子；……钫有 7 个能层，并且在第七能层上有 1 个电子。

由于在化学反应中，原子核是不起任何变化的，一般的情况下，只是最外层电子起变化。第一主族由于最外层都只有一个电子，因而它们表现出相似的化学性质，这当然就是很自然的事情了。

完全类似，第二主族各元素的最外能层都有 2 个电子，第三主族各元素的最外能层都有 3 个电子。

当初，门捷列夫曾经在他自己编写的化学教科书《化学原理》中，用下面这句话来说明他发现的元素周期律：元素以及由它形成的单质和化合物的性质周期地随着它们的原子量而改变。

后来，由于物理学上一系列新的发现，人们对元素周期律得到了新的认识：元素以及由它形成的单质和化合物的性质周期地随着原子序数（核电荷数）而改变。

最后，在弄清了原子核外电子排布的规律以后，人们对元素周期律和元素周期表的认识就更加深入了。现在，人们可以从理论上来解释元素周期律了。原来，随着核电荷数的增加。核外电子数也在相应的增加；而随着核外电子数的增加，就会一层一层地重复出现相似的电子排布的过程。这就是元素性质随原子序数的增加而呈现周期性变化的原因。

如今，人们不仅知道一个元素所在的周期数就是它的核外电子排布的能层数，主族元素的族数就是它最外层的电子数，而且也能解释元素的化合价为什么也随着原子序数的增加而出现周期性的变化。就连为什么同一周期的各个元素，从左到右金属性逐渐减弱，非金属性逐渐增强，为什么同一族的各个元素，从上到下金属性逐渐增强，非金属性逐渐减弱这一类的问题，也能够得到令人满意的解答了。

原子结构的知识像一把钥匙，打开了元素周期表里的秘密之锁，使它进入了电子时代。

化学密码与元素周期表

你一定知道电报密码吧，一组阿拉伯数字代表一个汉字，长长的一串数码就代表了一封家信、一条消息，或者一道紧急的作战命令。但是，要把这一组组的数字变成汉字，那还得要经过翻译才行。好比说0337　4790　0719　2601　5903这5组数字，翻译过来就是元素周期表这5个字。这一组组的数字就叫做电报密码。

在元素周期表，也有许多数字。像每个元素的原子序数、原子量等，就都是一些数字。这些数字，其实也像电报密码一样，能翻译出来。不过它们不是代表一个汉字，而是代表一定的化学知识。所以，我们可以把周期表里的这数字叫做化学密码。

比如说周期表上的元素座位号码——原子序数就是一个密码。我们从这个密码中可以翻译出许多化学知识来。例如原子序数11就能翻译成：这是周期表上的第十一号元素，它的原子核里有11个质子，原子核周围有11个电子；它在周期表里应该处在第三周期第一主族。不仅如此，如果具备一些基本的化学知识，那就还可以由此翻译出它的基本性质：化合价为+1价，是一个典型的金属，有很强的金属性等。

你一定会问，从一个数字就能翻译出这样许许多多东西来，这是怎么翻的呀！

要想学会翻译周期表里的化学密码，其实并不难。因为在周期表里有许多关于元素的规律，例如元素的性质随原子序数的增加而周期变化的规律；原子的电子排布随原子序数的增加而周期变化的规律；元素的化合价周期变化的规律等。只要你掌握了这些规律，翻译这些化学密码就不难了。这个翻译技术，相信你一定能学会它！

早在周期表发展的初期，化学密码的翻译就在预言和寻找新元素的工作中发挥了惊人的威力。读了前几章，你一定不会忘记门捷列夫当年是怎样预言未知元素钪、镓、锗的吧。现在回过头来看看，难道他不就是根据它们在周期表中的位置，翻译出了21、31、32这几个化学密码的结果吗?

20世纪以来，科学家们甚至根据科学和生产上的需要，直接根据元素周期表，也就是那些化学密码进行了不少成功的工作。

这里举几个真实的例子讲一讲。

1925年以前，由于电气工业的迅速发展，很需要一种金属作特殊灯丝材料，这种新金属应该比钨更优良才好。科学家按照这种金属应该具有的性质，推测出了它在周期表上应该“坐”的位置，就是和钨处在邻居地位的第75号那个未知元素。人们又反过来用这个位置上的密码推测了可能发现它的途径和方法，终于在1925年找到了它。这就是金属元素铼。

铼是在1925年几乎同时被两组科学家发现的。前一组是三位德国科学家，他们注意到在铂矿和一种叫铌铁矿的矿石中存在着72～74号元素及76～79号元素。根据元素周期律，他们判断，未知的75号元素可能会在其中存在。经过长时间的工作，铼的确被他们在这些矿石中发现了。新元素的名称就是以德国著名的河流莱茵河的名字命名的。

另一组从事寻找75号元素的，是几位捷克斯洛伐克科学家。他们根据同族元素性质相似这个规律推断，含有锰的矿物，也会含有铼。而且由于性质上的相似，锰和铼必然很难分离，这就有可能使锰的化合物中常常带有微量的铼。于是，他们采用一种当时新发明的用来测定微量物质的方法——极谱分析法分析了许多种锰矿，终于也找到了铼的踪迹，并分离出了铼。

周期表上的密码，不仅可以用来发现新的元素，也可以用来寻找新的化合物。在这方面，一个很好的例子，就是新的冷冻剂的发现。

早期制冷机中常用的冷冻剂是氨和二氧化硫等物质。它们因为有强烈的刺激性臭味和较为严重的毒性，并且对于冷冻机械有强烈的腐蚀性，早就不受人

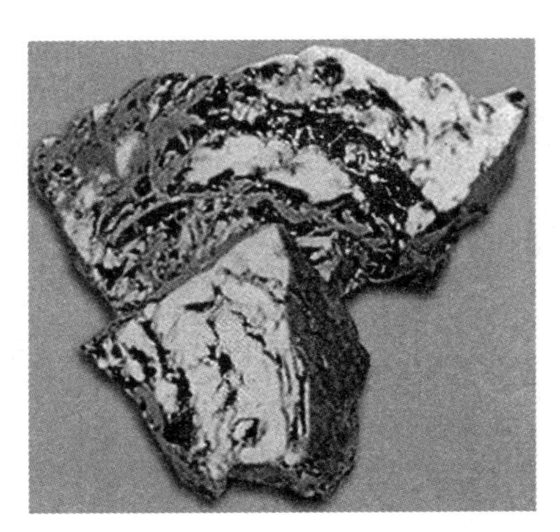

锰矿石

们的欢迎了。可是，新的冷冻剂又该从哪儿去寻找呢？

为了寻找新的冷冻剂，人们也来请周期表帮忙了。

人们已经知道，同一周期里的元素，非金属性越强，它的气态化合物的稳定性也会越大。而在同一主族中，却是非金属性越强，化合物的毒性越小。

根据这种规律，科学家们展开了用氟化物作为冷冻剂的研究。因为氟在第二周期中是最强的非金属，所以它的气态化合物是稳定的，它在第七主族中是非金属性最强的，因此毒性应该是最小的，或者说，氟化物应该是最理想的冷冻剂。根据这个推测，人们很快就发现了一个理想的含氟冷冻剂——氟利昂，学名叫二氟二氯甲烷。试验表明，它既稳定而又无毒性，同时，冷冻效率又很高。这个发现给工业上解决了一个大难题。

同族元素具有相似性质这个规律，在许多科学部门里发挥了作用。例如，人们在寻找新的药物时，它就帮了大忙。

人们早就知道砷化合物是一种毒剂，常用的毒药砒霜就是三氧化二砷。但是，砷的化合物也有不少缺点。人们需要寻找一种新的毒剂来代替它，以便能更有效地杀灭对人类有害的动物和昆虫。应该到哪里去寻找新的毒剂呢？

从周期表上看，和砷处于同一主族的元素，上有磷，下有锑，它们的化合物也应该具有毒性而又和砷化物不完全相同。对含磷化合物和含锑化合物的研究，使人们得到了一批又一批全新的农药。

在矿物的勘探上，周期表也大有用处。

地质学家们发现，性质相似的金属，往往藏在同一种矿物中，例如铜矿中常常含有银和金，钡盐矿物中也常常是既有锶也有钙……

铜、银、金、钙、锶、钡，不都是同族元素吗！这个事实启发了地质学家，他们想到，对于那些稀有的和难于找到的金属，首先应该看看它们在周期表中的位置，看看它们的同族元素以及在邻近的位置上是些什么元素。如果这些元素的矿物中，有些是富矿或是容易得到的矿物，那就应该仔细查查这些矿物，说不定那些难于找到的稀有金属就藏在这些矿物当中呢！应用这种方法，地质学家们曾不止一次地找到了他们要寻找的稀有金属。

还有，在发展无线电电子学方面，周期表也曾建立过卓著的功勋。人们就是在周期表上从铝到砹那一条斜线上，找到了一个又一个介于金属和非金属之间的两性元素，它们都是良好的半导体。

不仅如此，周期表还帮助人们发展了新的学科。例如，具有重要军事意义的硅有机化学，就是在同族元素性能相似这个规律启发下，以含碳有机物为“模板”发展起来的。

应用周期表在各门学科中解决难题并发展了新学科的事例，还有很多很多，我们不可能在这本小册子里一一列举了。

周期表中人造的元素

随着时间的前进，周期表在不断地完善着。但是，一直到 20 世纪 30 年代的初期，周期表里边还空着 4 个座位，而主人却没有找到。这就是 43 号、61 号、85 号和 87 号元素。许多人早就在寻找这 4 个元素，而且不断有人声称自己已经找到了这些元素，有的人甚至还给这些元素起了名字，但是，最后都被证明是这些“发现者”弄错了。

为什么这 4 个元素失踪了？后来又是怎样找到它们的？这就得从对物质放

射性的研究讲起。

1896年，法国物理学家贝克勒耳发现铀和它的化合物能够不停地放出一种肉眼看不见的射线。这种看不见的射线，穿透力很强，能使照相底片感光。接着，居里夫人发现，钍也具有这种本领，她把这种能够放出看不见的射线的元素叫做放射性元素。以后人们又陆续发现了钋、镭、锕等更多的放射性元素，并且知道了这种看不见的射线包含着三种成分：α射线、β射线和γ射线。

经过研究，人们还知道了这放射性物质的原子核是不稳定的。这种不稳定的原子核因为自动破裂放出了α粒子或者β粒子，就变成了另外一种原子核了。这种变化的过程就叫做衰变。每一种放射性物质，都有固定的衰变速度；而不同的放射性物质的衰变速度是各不相同的。人们常用半衰期来表示放射性物质的衰变速度。放射性物质衰变一半所需要的时间，就叫做半衰期。各种放射性物质的半衰期有长有短，差别极大。长的可以长达100多亿年，短的可以短到不足1秒。在自然界，有的放射性物质现在还可以找到，甚至还有大量的矿物存在；有的在地球上则早已绝迹了。这就是由于他们的半衰期有很大的差异的缘故。周期表上43号、61号、85号和87号等4个元素，都是放射性元素，而且它们的半衰期都比较短，所以在自然界已经接近绝迹，存在极少。人们长期找不到它们，当然也就不奇怪了。

在研究放射性的过程中，人们还发现，对于那些不会自动破裂的稳定的原子核，也可以用人工的方法去打开它，从而使一种元素变成另外一种元素。这就是人工核反应。开始，人们是用放射性物质放射出的α粒子作为“炮弹”，去轰击原子核，实现了人工核反应。后来，可以使用的“炮弹”的种类越来越多，除了α粒子外，还有质子、中子、氘核，等等。为了加大“炮弹”的威力，还使用了各种粒子加速器。

到了1937年，人们终于第一次用人工方法制造出了一个新的元素，这就是周期表上第43号元素。这个元素被命名为锝（Tc），它的希腊文的原意就是“人造的”。1940年，用a粒子轰击铋，得到了第85号元素。由于它的半衰期只有8.3小时（最长的一种），被命名为砹（At），原文的意思是“不稳定的”。第87号元素钫（Fr），是1939年在铀裂变产物中首先发现的。第61号元素钷（Pm），迟至1945年才从铀裂变产物中首先分离出来。这4种元素，后来在自然界中也都找到了，所以现在它们就不算是人造元素了。

第92号元素铀是不是元素周期表的终点？能不能用人工的方法合成铀以后的元素？这问题一直是许多科学家非常感兴趣而又有争论的问题。从1934年起，就有人试图用人工方法制造出铀后元素，但是失败了。

1940年，人们才首次制出了第93

号元素镎（Np）和第 94 号元素钚（Pu）。后来在自然界找到了这 2 种元素。所以，到目前为止，我们所知道的存在于自然界中的化学元素一共是 94 种。

以后，人们又陆续用人工方法制造出了 13 种（第 95～107 号）元素。这 13 种元素都是自然界里所没有的。

从已经发现的铀后元素的情况中，人们发现了一个非常引人注意的问题，那就是从第 93 号元素镎起，随着原子序数的增加，半衰期急剧减小。如果拿寿命最长的同位素的半衰期来比较一下，就可以看得很清楚：第 93 号元素寿命最长的同位素的半衰期达 22 亿年，第 99 号元素只有 276 天，第 104 号元素只有 70 秒，第 106 号元素已经不到 1 秒了，第 107 号元素更降到 2 微秒（HP210^{-6}秒）。

这种情况给人们提出了一个问题：以后还能不能合成原子序数更大的新元素？周期表是不是已经到了尽头？

“稳定岛”的假说

出于对元素的稳定性的探索，人们开展了深入的研究，注意到在原子核中，如果质子数和中子数是某些特定的数字（2、8、20、28、50、82、126 等），这些原子核就是特别稳定的。但是，为什么会出现这种情况的原因却长时期没被搞清楚。因为这几个数目实在令人费解，大家给它们起名叫幻数。

稳定的核具有幻数，当然，具有幻数的核也就可能是稳定的了。于是，有人提出了“超重核稳定岛”的假说。这种假说认为，原子序数 114 附近会有一些比较稳定的元素。人们根据这种假说还计算出这些元素的半衰期可能达到 1 亿年之久。由于这些元素的周围都是些半衰期极短的不稳定性元素，就像在不稳定性海洋中存在着一座以质子数 114、中子数 184 为顶峰的稳定元素的海岛，所以人们把这个假说叫做“超重核稳定岛”存在的假说。

“稳定岛”假说的出现，激起了科学家们新的热情，纷纷开展深入的研究工作，希望能早一天登上“稳定岛”，找到这些新元素。

探索“稳定岛”的战斗还仅仅是开始！究竟结果会怎么样？这个假说到底是真理，还是谬误？这是需要由科学实验来回答的问题。

从 1869 年门捷列夫公布他的第一张周期表到现在，已经过去 100 多年了。周期表已经经历了一个创立、扩充、完善和发展的过程。但是，周期表里还有矛盾，还有不解之谜，还需要我们继续探索！

这是一场战斗，一场科学战线上的持久的战斗。少年朋友们，参加到这场伟大的战斗里来吧！未来在期待着你们！

奇特的试验发现

QITEDESHIYANFAXIAN

天平不平衡

取两只小烧杯，盛上同百分比浓度、同体积的盐酸若干毫升，把他们放在天平两边的托盘上，这时天平两边平衡。然后，分别朝这两烧杯加入等量的纯碳酸钙和锌粒，待反应完毕，如两边放出了等体积的气体，问天平是否仍保持平衡？若不平衡，指针偏向哪边？

解：此类题很容易迷惑人，题目中那些“同浓度”、“同体积”、“等量”等字眼会令某些粗枝大叶的同学不假思索地回答：天平保持平衡，指针指在标尺中间。然而，这个回答是错误的。我们解这种题，必须注意从反应生成的二氧化碳及氢气的质量上去考虑，否则不可能得出正确的答案。

我们先用化学方程式表达这两个烧杯里发生的化学反应：

$Zn+2HCl=ZnCl_2+H_2\uparrow$（左边）

$CaC_2+2HCl=CaCl_2+H_2O+CO_2\uparrow$（右边）

尽管锌与碳酸钙“等量”，两边的盐酸“同百分比浓度”、“同体积”，反应产生的二氧化碳和氢气亦“等体积”，但是“等体积”不同于“等质量”，在同体积的情况下，二氧化碳的质量比氢气的质量大得多。若某一体积的氢气质量为2克，那么同体积的二氧化碳气体的质量就为44克。显然，原题目的答案应该是：天平左边下沉，右边上升，指针会向左边偏斜。

水助燃之谜

中国有句俗语叫“水火难容”，意思是说水是火的对头，两者是势不两立的事物。水能灭火也是常见的事实。大家知道，只要哪里发现火灾，消防车就

会隆隆地开去，喷出“大水”，火便会很快熄灭。但是，在特定的条件下，水却能帮助燃烧哩！或许您早已注意到，在工厂或老虎灶旁边的煤堆里，工人师傅常把煤堆浇得湿淋淋的，如果您问他们为什么要浇水时，他会告诉您说：“湿煤要比干煤烧得更旺。”难道这是可能的吗？

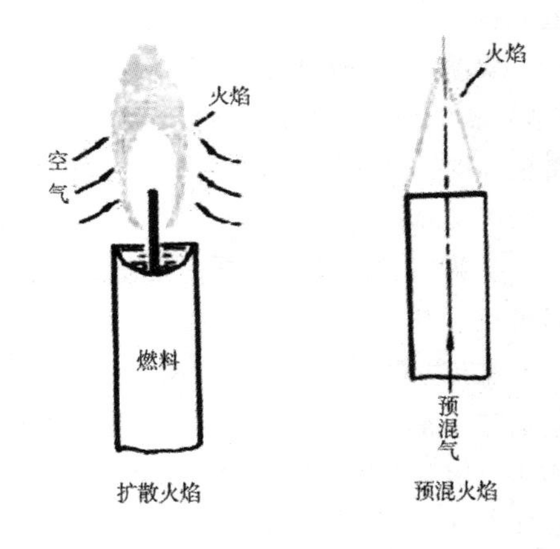

燃烧示意图

原来，世界上一切事物，都会按不同的条件表现自己的独特性格，水也不例外。其实水能助燃，也表现在日常生活上。当你在烧开水时，如果壶里水开了溢出来，落到煤炉上，顿时火焰会变得更旺。究其原因也不复杂，因为当炉膛中煤燃烧的温度很高时，加入水，就会和煤起化学作用生成一氧化碳和氢气。

一氧化碳和氢气都是燃烧的能手，这样一来，炉膛内的火就会烧得更旺，水能助燃的奥秘就在这里。为了证明上述的原理，我们可以做下面的一个实验。烧瓶中放入 200 毫升水，在另一燃烧管中放入粒状硬质煤块，实验开始时先用小火匀热烧燃管，再用大火对着煤块加热使煤块变红，同时把烧瓶中的水煮沸，使水蒸气通过烧燃管，此时在另一端燃烧管口点燃，就有蓝色火焰出现。这个实验，也是工业上制造水煤气的原理。

用电写字之谜

电在生活中的广泛用途是不言而喻的。你瞧，电灯、电影、电视、电炉、电子琴等等，哪样离得开它呢。但是听到电还可用来写字，也许你会不相信吧，可这是千真万确的事情。

在一个玻璃杯中，放入少量食盐，再加进一些水和十几滴无色的酚酞溶液，用玻璃棒搅拌使食盐溶解；然后巴一张白纸浸入玻璃杯中，待纸浸透后取出，放在一块铜板或铜片上面。接着再把 2～4 节干电池串联起来，用导线把电池的正极接在铜板上，负极接在一支两头都削尖的铅笔的一头上，用铅笔的另一头轻轻地在纸上写字：嘿，铅笔划处，竟出现了十分醒目的红字。

这里的奥秘在于：用石墨制成的铅笔芯是能够导电的。白纸上的食盐水通电后，会被电解，分离成氯气、氢气和烧碱；而烧碱遇到无色的酚酞溶液会变成红色，于是铅笔写过字的地方就留下了红色的字迹。如果用碘化钾、淀粉溶液浸透白纸，然后再把铅笔的一头与铜板的电极互换一下，那么写出来的就是蓝紫色的字了。

一加一不等于二

把一杯水倒进盆里，再倒进一杯水，盆里就是两杯水。同样，把一杯盐倒进罐里，再倒进一杯盐，罐里就有两杯盐了。如果把一杯盐和一杯水倒进盆里，那么盐水是不是两杯呢？请你做完下面的实验再回答。

实验一 实验用具：（1）天平一架。如果没有现成的天平，可以找一根粗细均匀的竹棍、两个同样的罐头瓶盖和一些线绳，做一个简易的天平。砝码可以用硬币代替。（2）量筒一个。没有现成的量筒，用一个大些的药瓶来代替也行。剪一张比瓶身短一点的窄纸条，把它对折成十等分，并划出记号，然后贴在瓶子上。（3）一根玻璃棒，或者一根筷子。

实验方法：先用量筒取 3 个单位盐，放在天平上称一称，记下它的质量多少，将盐倒在纸上。再用量筒取 7 个单位水，也用天平称一称，并记下质量多少。然后把称过的盐徐徐倒入量筒。当盐还未溶解时，看看水面在什么位置并记下来。接着，拿玻璃棒插进量筒，轻轻搅动，使盐充分溶解，再看看液面在什么位置。你一定会发现，盐充分溶解后的液面比盐没有溶解时的水面低一些。那么，盐充分溶解后的盐水的质量是不是比原来盐和水的质量小呢？你可以把它放在天平上称一称，盐水的质量正好是盐和水的质量的总和，一点也没有减少。

实验二 刚才做的实验是固体（盐）和液体（水）混合的情况。液体和液体混合的情况又如何呢？请你再做下面的实验。

实验用具：天平一架、量筒两个、玻璃棒一根。

实验方法：用一个量筒取 4 个单位的酒精，放在天平上称一称，记下质量多少。用另一个量筒取 6 个单位的水，放在天平上称一称，也记下质量多少，然后把水徐徐注入酒精量筒。在两种液体尚未混合时，看一看液面在什么位置。再用玻璃棒搅动，使两种液体混合，再看看液面的位置。接着，你再把酒精和水混合的液体放在天平上称一称。你会得到同前一个实验一样的结果。

这两上实验说明：无论是固体溶解在液体里，还是液体和液体混合成溶液，混合后液体的质量等于混合前两种物质的质量的总和，而混合后液体的体积却小于混合前两种物质的体积的总和。

这是为什么呢？想一想！想过以后再看下文。

我们知道各种物质都是由分子组成的。各种物质的分子都有各自的质量和体积。质量的定义告诉我们：质量是物质本身的一种属性，它不随物质的形状、温度或状态的不同而改变，也不随物质的位置不同而变化。当两种物质混合后，它们的形状、位置发生了变化，但是质量并没有发生变化，所以混合前同混合后的质量相等。而体积就不同了，因为各种物质的分子有大有小。某种物质的分子大，它的分子与分子之间的空隙也大，某种物质的分子小，它的分子与分子之间的空隙也小。当小分子的物质和大分子的物质混合成溶液时，前者的分子就会填充在后者的分子空隙里。因此，两种物质混合成溶液后的总体积一般小于两种物质原来的体积的总和。这就像把一满碗花生米和一满碗小米混合后，未必有两满碗一样。当然，也有例外的情况，不过，这要等你将来学了更多的化学知识以后，才能进一步了解。

会变色的紫罗兰

清晨，花匠照例采下一篮鲜花，送到主人玻义耳的房间。玻义耳是17世纪英国著名化学家，他热爱工作，也十分喜爱鲜花。因为美丽的鲜花能让人赏心悦目、消除疲劳；扑鼻的花香则令人心旷神怡、精神振奋。今天花匠送来的是深紫色的紫罗兰，是玻义耳最喜欢的一种花。玻义耳随手取出一束紫罗兰观赏起来。

盛开的紫罗兰

“老师，我们买的盐酸从阿姆斯特丹运来了。”助手威廉报告说。

“哦，这酸的质量好吗？请倒一点儿出来，我想看一看。”说着，玻义耳走进实验室。他把手中的紫罗兰放在桌上，帮威廉一起倒盐酸。瓶盖刚打开，刺鼻的气味便冲了出来，瓶中那淡黄色的盐酸液体还在不断地向外冒烟。

“嗯，这酸的质量看来不错。”

玻义耳满意地拿起那束紫罗兰，又回到书房。这时，他看到花朵的上方微微飘动着轻烟。糟糕！准是给浓盐酸熏着了，应当赶快冲洗一下。玻义耳把花头朝下放进一只盛满清水的杯子里，便坐下看起书来。

过了一会儿，他抬起头来。奇怪，杯里紫色的花儿怎么变成了红色？

“难道？”玻义耳的心猛地跳动起来，他不由地回想起一件往事。

那还是许多年前，年轻的玻义耳离开喧闹的伦敦，到斯泰尔桥乡下的别墅去度假。在那里，他与当地一位医生的女儿爱丽丝相爱了。

一次，他们一同出去散步，突然看到有人跪在田里吃土。看到玻义耳疑惑不解的神情，爱丽丝说：他们是在用嘴辨别土壤的酸碱性，好决定给地里种什么作物，施什么肥料。爱丽丝还告诉他，在父亲的诊所里，常有因为尝土而染上疾病的人，有时他们还会悲惨地死去。玻义耳被深深触动了，他很长时间默默不语。

“亲爱的，你不是化学家吗？想想办法，别让他们再尝土了！”爱丽丝哀求道。

“放心吧，我会有办法的。”玻义耳自信地说。

谁知一年后，爱丽丝被肺结核夺去了生命。可是，她那善良和期待的目光却是玻义耳永远忘不了的。想到这里，玻义耳放下书，提起满篮的花儿大步走进实验室。

“快！威廉，赶快取几只烧杯来！每只杯里倒上不同的酸。对，还要用水把酸稀释一下。”

威廉马上照老师的吩咐办了。尽管他暂时还不明白这是为什么，可是他知道，待会儿一切都会清楚的。

玻义耳给每只烧杯里都放进一朵紫罗兰，并招呼威廉坐下来仔细观察。果然，深紫色的花开始变色。先是淡红，不久完全变成了红色。

哦，威廉明白了，老师是想用花的颜色变化来判断酸的浓度。

“老师，有遇到碱会改变颜色的植物吗？”威廉大胆地问。

“完全可能有！我们现在就来动手试验。”

他们从花园采来了各种鲜花，又到野外收集了青草、树叶、苔藓、树皮和植物的根，从中萃取出汁液，再用酸和碱一一去试。

他们发现，有一种从石蕊苔藓中提取出的紫色浸液，遇酸变红、遇碱变蓝，十分灵验。

这是多么有用的东西啊！玻义耳给它们取名为“指示剂”。有了指示剂，人们再也不必为判断物质的酸碱性而犯愁了。玻义耳终于实现了自己的诺言，他仿佛又看到爱丽丝那含笑的目光。这种酸碱指示剂，现在我们还常常使用。

狱中进行的实验

1839年冬季，一个寒冷的夜晚，在美国康涅狄格州债务人监狱里，一名正在服刑的犯人坐在火炉旁，他一边烤火取暖，一边用手揉搓着一团胶泥般的东西。这名犯人叫古德伊尔，他随父亲一起做五金生意时，不慎破了产，因无力

偿还债务，代父亲进了监狱。古德伊尔的父亲虽不善于经营，却是个业余发明家，他制作的几种新式农具，很受人们欢迎。在父亲的熏陶下，古德伊尔从小就喜欢动脑筋、搞发明，即使在服刑时，他也不肯放弃自己的爱好。

古德伊尔手中揉搓的那团胶泥，是橡胶与硫的混合物，他正在做改良橡胶性能的实验。5 年前，人们发现橡胶汁具有良好的防水性能，很想利用它做点什么。但遗憾的是，这种天然橡胶遇冷便硬得像皮板，遇热则变得又软又粘，许多人都在设法改进它的性能。古德伊尔对此也很感兴趣，几年来他一直在研究这个问题，入狱后也没忘记继续做实验。古德伊尔听说用硫处理过的橡胶不发粘，自己也想试试。他按各种不同的配比进行实验，效果都不明显。一天，夜已经深了，古德伊尔的胳膊和手指又酸又痛，困乏也阵阵袭来。哎呀，不好！手中的橡胶团不知怎么掉在了火热的炉盖上，古德伊尔赶快用手抓起了橡胶团，并走到远离火炉的地方。这时古德伊尔惊讶地发现，刚才粘在炉盖上的那块橡胶变得十分柔软，尽管已经不热了，却一点儿也不像平常那样，遇冷就硬邦邦的；而没有被火烤过的地方依旧很硬。“太棒了！看来，加热也许能改善橡胶的粘性和易受冷热影响的问题。”古德伊尔刚才的疲劳一扫而光，他兴致勃勃地继续做起实验来。果然，烤过的加硫橡胶增强了弹性，即使在高温下也不再又软又粘。古德伊尔进班房，只是因为试验成功，所以不久他就被释放了。出狱后，为了寻求最理想的加热温度和时间，古德伊尔又进行了许多次实验。1844 年，他终于制成了一种新型的橡胶——伏尔甘硫化橡胶，并获得了专利。“伏尔甘”是古代罗马的火神，正是火给古德伊尔带来了这个重大的发现，从而导致了重大的发明。

但是，古德伊尔的专利屡遭侵犯，在英国和法国，因为一些技术和法律上的问题，他丧失了专利权；在美国，他的专利权也未得到保护。尽管古德伊尔的发明给别人带来了巨额利润，他却因负债于 1855 年在巴黎再度入狱。1860 年，他在贫困中去世。有人估计，他死时负债仍达 20 万美元。

半个世纪后，人们把一种汽车轮胎命名为古德伊尔，以示对他的纪念，因为这种汽车轮胎是用他发明的伏尔甘橡胶制造的。

生活中的化学之谜

SHENGHUOZHONGDEHUAXUEZHIMI

肥皂去污之谜

衣服脏了，一般只要浸在水里，擦点肥皂搓搓，就干净了。

为什么用水和肥皂可以去掉污物呢？如果只用水不用肥皂；或者只用肥皂不用水，行吗？对于这个问题假使只摇头说不行，那是不够的，还得说说道理。因为普通的肥皂，它的主要成分是硬脂酸钠盐。这种盐的分子结构中，一部分能溶于水，叫“亲水性”；另一部分却不溶于水，而溶于油，叫“亲油性”。它们的作用虽然不同，却是相互牵连共同作用的。衣服上的污垢，主要由尘埃、煤烟、矿物油、油脂和汗水等构成。如果衣服被油迹或污垢弄脏了，把衣服先浸湿，擦上肥皂，肥皂分子中的亲油部分，就纷纷跑向油迹和污垢，与它们互溶；而亲水的部分就随着亲油的部分在油迹外面的水里溶解。这样，油污就在肥皂分子与水分子相互作用的团团包围之中，油污渐渐溶解，最后被水清除掉。

为什么洗衣服要搓呢？因为油污等物质被肥皂分子和水分子团团包围以后，它们与衣服纤维间的附着力减小，一经搓洗，肥皂液就渗入了不等量的空气，产生了大量泡沫。泡沫外面好像有一层紧张的薄膜，它既扩增了肥皂液的表面积，又使肥皂液更具有收缩的力量，通常把这种液面的收缩力量叫做表面张力。由于表面张力的作用，衣服上所沾有的油污或灰尘等微粒，就容易脱离织物，随水漂去，这就是它能去污的道理。

啤酒营养成分之谜

啤酒是全世界最为流行的一种含有

少量酒精的清凉饮料，酒精含量少，发酵后的各种营养成分不流失，故有液体面包之美称。早在1972年召开的世界第九次营养食品会上，啤酒正式被确定为营养食品。

啤酒是以优质麦芽、大米、酒花为原料，并选用泉水或纯水酿制而成的。酿制啤酒的大麦先要使其发芽、产生各种酶，再将麦芽干燥、粉碎，然后掺水搅匀制得麦芽浆。同时，将大米煮沸，使之糊化，和麦芽浆混合进行糖化。麦芽粉和大米粉中含有大量淀粉，在一定条件下被酶催化水解成可以发酵的麦芽糖、糊精等；原料中的蛋白质在酶的作用下，分解成氨基酸。糖化后的糊状稀液经过滤，滤出麦芽汁清液，加热煮沸。煮沸的目的是蒸发多余的水分，达到要求的浓度，同时对麦芽汁杀菌。然后迅速降温到发酵温度，加入一定量的酒花、酵母等生物催化剂，使麦芽汁继续发酵分解，产生酒精、二氧化碳、丙三醇、有机酸和酵母的代谢产物。主发酵的温度控制在6.5～8℃，需耗时7～10天，以后再将温度控制在0～3℃，发酵1～2月，使啤酒中的残余糖类再发酵，以增加啤酒的稳定性，使酒液中含适量的二氧化碳；充分沉淀蛋白质，澄清酒液，使酒味醇正。饮用时，随二氧化碳挥发带出了易挥发的物质，使啤酒成为深受世人欢迎的味柔、风味独特的饮料。

啤酒中80％～90％的化学物质，能被人体吸收，其中大部分都是经酵母中的酶分解后的小分子量有机物，且都呈溶解状态，极易为人的肠胃吸收。啤酒中除了酒精外，还含有还原糖、糊精、蛋白质分解物、无机盐类、维生素类，其中大部分都是人体不可缺少的营养物质，几乎没有对人体会产生毒素的化学物。

每升啤酒的总发热量为400～500千卡，其中一半来自酒精，另一半来自糖类和蛋白质的分解产物。1升啤酒相当于200克面包、500克马铃薯、45克植物油、0.75升牛奶、5～6个鸡蛋。

啤酒中蛋白质和其分解产物，含量为4～4.5克/升，有17种氨基酸，它们皆以溶解状态存在于啤酒中。啤酒所含的赖氨酸、组氨酸、天门冬氨酸、缬氨酸、亮氨酸、酪氨酸、苯丙氨酸、精氨酸都是人体不可缺少的，它不仅为人提供了营养必需品，而且也是消化系统的合适刺激剂。酒中维生素B种类最多，含有B_1、B_2、B_6、B_{12}、尼克酸、泛酸(B_3)、叶酸还有维生素C等各种生物素。酿制的水中含有各种无机盐类，也不会损失。以100毫升12度的啤酒为例，含钙50毫克、磷300毫克、钾250毫克、钠70毫克、镁100毫克，这些足以补充人体对各种营养素的需求。

市场上常见的瓶装啤酒度数有8°、10.5°、11°、12°、13°、14°等几种，这个“度”是指啤酒麦芽汁中麦芽糖类的百分比含量。如12°即为50千克麦芽汁中含有6千克糖类物质，国际上一般都采用此法来标定啤酒的度数。12°的啤酒按重量计只有4%左右的酒精，水则有90%以上。没有经过杀菌的啤酒称为鲜啤酒或生啤酒，酒中存在少量对人体有益的酵母，但保存的时间较短，一般供零售。杀菌过的啤酒称熟啤酒，熟啤酒用瓶装或罐装，在10～25℃的室温下，一般可存放1～6个月。啤酒中含磷酸盐、乳酸盐、琥珀酸盐，它们是构成啤酒口味和风味不可缺少的物质，少了它们啤酒就会平淡无味，使啤酒保持淡黄色色泽、洁白细腻的泡沫、清爽淡雅的醇和香气、诱人的口味，这些物质起了决定性的作用。过量饮用啤酒后，对肠胃也是有刺激作用的，对人体有害。医学家们提议，每日饮用酒精的量不能超过80克，相当于10°的啤酒2升。

防水衣透气防水之谜

大家知道，一般的布料都是用天然纤维（如棉花、羊毛等）或化学纤维（如涤纶、腈纶等）纺织而成的，纤维间有很多缝隙，显然它是可透气的、且很易被水润湿。

无论是天然纤维，还是化学纤维，它的分子链中都带有亲水性的极性基团（－OH或－NH基等，如羊毛含－NH基，维纶含－OH基等，）所以很易被水润湿。但是人们为了方便和某种需要，总希望有一种可透气但又不能透水的衣服。基于上述原理，化学家们找到了一种特殊物质称为表面活性物质（用量尽管很少但对体系的表面行为有显著效应的物质），对纤维进行加工处理来改变纤维的表面行为。由于表面活性物质分子的极性部分（亲水基）与纤维的醇羟基结合，而其非极性部分（憎水基）则伸向空气，这样就使表面张力发生改变，使得纤维间的缝隙里水表面呈凸形，其附加压力Ps指向水内部，因而阻止了水继续向下透漏，达到透气防水的效果。

发酵粉发酵之谜

馒头之所以会那样又松又软，那是酵母菌帮了我们的忙。酵母菌随身带有好些酶，这些酶会让面团发生一连串的化学变化，首先是面粉中的淀粉酶使淀粉变成糖分，然后使糖生成二氧化碳。这些二氧化碳在蒸馒头时受热膨胀，于是馒头里留下了许多小孔，同时还产生出少量的酒精和酯类挥发酸等，因此吃起来就十分松软可口。

可是，用鲜酵母来发酵并不十分理想，因为这种发酵方法需要较长的时间，如果控制得不好，让发酵发过了头，食品就会带有酸味，或者不够松，因此食品工厂中做饼干、蛋糕时，事先

发酵粉做的面食

并不将面粉发酵，只是往里面加入一些发酵粉，或是打入一些空气，同样能使食品中产生许多小气孔。

那么，这些发酵粉究竟是些怎样的东西？为什么它们也能使食品产生小气孔呢？

有一种发酵粉的化学名字叫碳酸氢铵，它的外貌和面粉差不多，也是白色的粉末。不过，就是耐不得热，只要温度升到60～70℃，它就分解而放出大量二氧化碳气和氨气，所以加有少许碳酸氢铵的食品，在焙烘过程中，这些放出的气体就会“夺门”而出，使食品留下一个个气孔。

另一种发酵粉的成分是碳酸氢钠（俗称小苏打）和磷酸二氢钠的混合物。本来，碳酸氢钠和碳酸氢铵很有点相像，它受热后也会放出部分二氧化碳来，但是一来放出的二氧化碳不多，二来在这场化学变化的同时，会生成碱性很大的碳酸钠（俗称纯碱），使食品吃起来碱味太重，而且还会将许多维生素破坏掉，所以通常使用时总是把它和一个酸性物质如磷酸二氢钠并用，这样既可使所有的碳酸氢钠全部变成二氧化碳，同时作用后不会有很大的碱性，十分理想。

“恶狗酒酸”之谜

成语“恶狗酒酸”，说的是春秋时期，宋国有一位卖酒者，买卖公平，为人和蔼可亲。他酿造的酒又香又醇，“酒”字旗在门口高高地悬挂着。但是，他的酒却卖不出去，以致时间一长，酒全都发酸变坏了。他感到很奇怪，就去询问朋友杨倩。杨倩告诉他说：“你们家里养的那条狗太凶猛了，致使人们害怕，不敢光顾，酒卖不出，变酸了。”

为什么酒放的时间长了会变酸呢？原来，这里发生了化学变化。酒，主要是乙醇的水溶液，所以乙醇的俗名又叫酒精。在空气中，随着尘埃飘浮着一种醋菌，当醋菌掉在酒中并大量繁殖时，便可以帮助酒发酵，促使乙醇与空气中的氧气缓慢地发生氧化反应。乙醇先被氧化成乙醛；乙醛又继续被氧化成乙酸。乙酸的俗名叫醋酸。酒变酸的原因就是因为酒中的乙醇转变成醋酸的缘故。这一过程的化学反应方程式如下：

1. $2CH_2CH_2OH+O_2 \xrightarrow{发酵} 2CH_3CHO+2H_2O$

2. $2CH_3CHO+O_2 \xrightarrow{发酵} 2CH_2COOH$

苹果、梨烂了后，往往有股酸味，这也是醋菌在作怪。醋菌使水果中的果糖发酵生成乙醇，又促成乙醇经一系列的氧化而变成醋酸。

“绍兴老酒、越陈越香”的原因也与醋菌有关。将绍兴老酒密封保存之后，坛子里的酒在醋菌的作用下，少量被氧化生成醋酸。这部分醋酸又能与酒精缓慢地发生酯化反应，生成具有香蕉味的乙酸乙酯香料。日子越久，生成的乙酸乙酯越多，酒也越香。

胡萝卜素之谜

近年来，β—胡萝卜素越来越受到人们的青睐，以β—胡萝卜素为主要成分的营养液——生命口服液、赐寿康、凯乐特等风靡市场，进入千家万户。胡萝卜素有很多种，β—胡萝卜素是其中最重要的一种。食物中深黄、橙色的水果，如胡萝卜、杏子、木瓜、南瓜和深绿色蔬菜，如菠菜、西兰花、水芹菜等都是β—胡萝卜素的主要天然来源。胡萝卜素最初是在胡萝卜中发现的，故而以之命名。

德国人理查德·库恩确定了β—胡萝卜素的化学成分和分子结构。这位1900年出生在奥地利维也纳的著名生物化学家，从小热爱科学，刻苦攻读。在德国有名的慕尼黑大学求学时，得到了曾获得诺贝尔化学奖的理查德·威尔斯泰教授指导，22岁就取得了博士学位。1927年他出版的化学、酶、物理化学方面的教科书成为当时公认的权威教科书。1929年他担任了海得堡大学教授和凯译·威廉医学研究院化学系主任。在此期间，库恩为了研究胡萝卜素的结构，进行了几年艰苦卓有成效的实验，终于搞清了β—胡萝卜素是由碳、氢两种元素组成，一种碳链和碳环中具有交替的单键和双键的共轭分子。

β—胡萝卜素并不能被人体直接吸收。在一种特殊酶的作用下，它的分子从中间断裂成为相同的两部分，这两部分各自结合一分子水，就成了两分子的维生素A。人体所需的维生素A一部分由蛋黄、动物肝脏等食物直接供给，一部分则由食物中β—胡萝卜素转化而来。当时库恩又证明了维生素A是人体不可缺少的物质，人体内若缺乏维生素A，就会得夜盲症和发育不良等疾病。此后，库恩还研究并人工合成了核黄素、维生素A、维生素B_2。由于库恩在胡萝卜素和维生素研究方面所作的杰出贡献，瑞典皇家科学院授予他1938年诺贝尔化学奖。但事实上库恩并没有得到这笔奖金，因为当时正值第二次世界大战，纳粹德国阻止他前去领奖。然而，这丝毫没有动摇他为科学献身的志向，始终不懈地研究、探索。特别是他又鉴定了维生素 B_6、泛酸，并合成了大量类似物，对维生素的研究起了很大的推动作用，给人类健康带来了福音，这使他在世界科学界享有崇高的声誉。

现在，科学研究成果又进一步证明了β—胡萝卜素（维生素 A）和维生素 C、维生素 E 一样，能保护人体细胞免受某些致癌物质如霉菌及其代谢物质黄曲霉素的损伤，帮助清除损伤细胞遗传物质的自由基分子，起到预防癌症，减慢甚至阻止早期癌症恶化的作用。它们作为抗氧化剂还有缓解心血管病的药疗性能，防止胆固醇阻塞动脉血管，从而避免或减少心脏病发作。美国科学家建议β—胡萝卜素的摄入量平均每天为 6 毫克。当前美国流行这么一句话：每天一个苹果，与医生拜拜；每天一根胡萝卜，与癌症告别。这是相当有道理的。因此，多吃新鲜蔬菜、水果，补充β—胡萝卜素和其他各种维生素，对人体健康是非常必要的。

食品小孔来历之谜

日常的食品中，我们见过 4 种松软的食物：馒头、冻豆腐、蛋糕、油条。

这四种食物中有一个共同的特点，含有许许多多的小孔，然而，造成这些小孔的物质却各不相同。这些物质是：矾、水、小苏打、二氧化碳。

请你想一想，然后回答下面的问题：

馒头里的小孔是什么东西造成的？为什么？

什么东西在冻豆腐里留下了小孔？

小苏打使什么食品松软？

矾使什么食品胀大？

馒头是用经过发酵的面粉蒸成的。在发酵的过程中，酵母菌产生了大量二氧化碳，二氧化碳受热以后，就进一步膨胀，使馒头松软。

豆腐里有水，受冻以后，这些水形成一些小冰粒。小冰粒比原来的水体积大，就把豆腐压挤开来，相互压挤的结果，是豆腐被压挤得更结实。所以，当冰粒化成水以后，就留下了许多小孔。

油条里有矾，蛋糕里有小苏打，矾和小苏打在受热时都会分解产生气体，使油条和蛋糕里有了大小不同的气泡。

大蒜有益人体之谜

研究者普遍认为赋予大蒜独特味道的有机化合物——大蒜素，是世界上最有效的抗氧化剂。但是人们直到现在也没弄清大蒜素的作用原理，与类似维他命E和辅酶Q_{10}（能阻止自由基破坏性的影响）等其他更为普遍的抗氧化剂相比，大蒜素为何具有抗氧化性。

化学家已发现大蒜对人体有益的原因。研究主持者，加拿大研究会自由基化学协会主席德里克·普拉特说："我们还不清楚大蒜的抗氧化效果来自何处，因为它不具有植物中所含的大量高抗氧化活性的化合物形态（比如说绿茶和葡萄中的黄酮）。如果大蒜素的确是大蒜抗氧化活性的成因，我们就会致力于弄清它是如何作用的。"

剥皮后的大蒜瓣

研究小组认为这是因为大蒜素具有高效毁坏自由基的能力，并考虑了大蒜素分解产物取代大蒜素的可能性。通过综合生产大蒜素的实验，他们发现和化合物分解迅速和自由基发生反应时会产生一种次磺酸。

普拉特博士解释说："从根本上说，为了产生有效的抗氧化剂，大蒜素化合物必须进行分解。次磺酸和自由基间的反应相当地迅速，这一反应

大 蒜

只受这两个分子接触时间的限制。在这一反应中，没有比抗氧化剂反应更快的化合物，不论是天然的或是合成的。"

研究者坚信，次硫酸的反应和大蒜的药用效果之间存在着必然联系。普拉特博士说："尽管大蒜被用作中药已有几个世纪之久，市场上也有很多大蒜的替代品，但到目前为止仍未找到能揭示大蒜药用性的合理解释。我认为我们已经在发现一种基本化学机制（这可能有助于解释为什么大蒜有药用性）方面跨出了第一步。"

和洋葱、韭菜和葱一样，大蒜也是葱家族中的一员。这一家族中的其他种类也含有类似于大蒜素的化合物，但他们没有和大蒜同等的药物价值。普拉特博士和他的同事认为，这是由于洋葱、韭菜和葱大蒜素分解的速度较慢，会导致更少的次硫酸能作为抗氧化剂与自由基起化学反应。

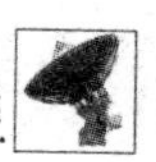

三聚氰胺自述身世之谜

我的中文名字叫做“三聚氰胺”，英文名 Melamine。我生于 1834 年，祖籍德国，我的“父亲”叫李比希。

我通常情况下为纯白色单斜棱晶体，无味，密度 1. 573 克/立方厘米（16℃）。常压熔点 354℃（分解）；快速加热升华，升华温度 300℃。溶于热水，微溶于冷水，极微溶于热乙醇，不溶于醚、苯和四氯化碳，可溶于甲醇、甲醛、乙酸、热乙二醇、甘油、吡啶等，低毒。在一般情况下较稳定，但在高温下我可就要发威了，可能会分解放出氰化物，这可是剧毒性物质哟。

被验出含有三聚氰胺的佳之选新鲜鸡蛋

我在刚出生就为人们做出了巨大的贡献。我是一种非常重要的有机化工生产的中间产物，主要用作生产三聚氰胺甲醛树脂（MF）的原料，还可以作阻燃剂、减水剂、甲醛清洁剂等。用我生产的三聚氰胺甲醛树脂（MF）比脲醛树脂都好，不易燃，耐水、耐热、耐老化、耐电弧、耐化学腐蚀、有良好的绝缘性能、光泽度和机械强度，广泛运用于木材、塑料、涂料、造纸、纺织、皮革、电气、医药等行业。

加入三聚氰胺的合成板

我的毒性其实是比较低的。早在 1945 年就有人将我大剂量地饲喂给大鼠、兔和狗后没有观察到明显的中毒现象。小动物长期摄入我会造成生殖、泌尿系统的损害，膀胱、肾部结石，并可进一步诱发膀胱癌。1994 年国际化学品安全规划署和欧洲联盟委员会合编的《国际化学品安全手册》第三卷和国际化学品安全卡片对我的描述也只说明：长期或反复大量摄入三聚氰胺可能对肾与膀胱产生影响，导致产生结石。

当年我的父亲合成我时由电石制备氰胺化钙，氰胺化钙水解后二聚生成双氰胺（dicyandiamide），再加热分解合成了我。目前因为电石太贵了，这种生产我的方法已经过时了。与该法相比，尿素法成本低，目前世界各地纷纷采用。尿素以氨气为载体，硅胶为催化剂，在380～400℃温度下沸腾反应，先分解生成氰酸，并进一步缩合生成了我。

生成的三聚胺气体经冷却捕集后得粗品，然后经溶解，除去杂质，重结晶得成品。尿素法生产三聚氰胺每吨产品消耗尿素约3800千克、液氨500千克。

国外生产我的工艺大多以技术开发公司命名，如德国巴斯夫、奥地利林茨化学法、鲁奇法、美国联合信号化学公司化学法、日本新日产法、荷兰斯塔米卡邦法（既DSM法）等。在中国，我的生产企业多采用半干式常压法工艺，该方法是以尿素为原料，0.1MPa以下，390℃左右时，以硅胶做催化剂合成三聚氰胺，并让我在凝华器中结晶，粗品经溶解、过滤、结晶后制成了我。

一段时间实在令我感到悲伤，中国的多家婴幼儿奶粉生产商，还有那些可恶的奶贩子将我加入到婴幼儿奶粉中，使得全国多名婴儿患上了结石病。很多人可能还不知道为什么他们要把我加进奶粉吧。我就来给大家讲讲：

现在大家买奶粉时都会去看看奶粉中的蛋白质含量，大家也普遍认为蛋白质含量越高奶粉就越好。很是可惜，自然状态下的奶粉中的蛋白质含量差异不会太大，于是有些利欲熏心的人就想到了我。因为现在的蛋白质测定方法叫做凯氏定氮法，是通过测出含氮量来估算蛋白质含量。合格奶粉中的含氮量仅为0.44%左右，而我的含氮量却高达66.6%，是牛奶的151倍，是奶粉的23倍。我们可以算算这样每100克牛奶中添加100毫克的我，就能提高0.4%蛋白质。

我被那些不法的商贩和生产商加到婴幼儿奶粉中伤害了中国小宝宝的身体，伤害了中国妈妈的心。今天我在这里给全中国的人道歉了，希望取得大家的原谅。我也将在将来为人们的生产生活作出更大的贡献，将功赎罪，以弥补这次的损失。同时也希望大家不要因为这次对我失望，不要对那些好的奶粉生产商感到失望。

绿色化学——环境友好化学

绿色化学技术是指将绿色化学的基本观念应用于化学研究、化工制备以及化学品的利用等方面。

绿色化学的概念是20世纪90年代初提出的，与传统的治理环境污染方法的根本区别就在于它是从源头上减少甚至消除污染的产生。

传统的有机反应，由于大量有机溶剂的使用，给人类的生态环境造成恶劣影响。随着人类生活质量的提高及环保意识的增强，环境友好介质的绿色化学技术越来越受到人们的关注。中国科学

院化学所杰出青年基金（B）获得者李朝军教授在设计和发展在水中和空气中进行的过渡金属介入和有机金属催化的有机金属催化的有机反应方面取得了一系列引人瞩目、富于创新性的成果。水作为溶剂有以下优点：价廉易得，安全可靠（不会燃烧和爆炸），而且无毒。在有机反应中可省略反应物的保护和脱保护的合成步骤。通过简单的相分离，即可得到产物。某些水相有机反应还有出人意料的化学选择性，大大减少副产物的生成。在空气中进行的有机金属反应，可使小量的组合合成、大规模的制备及催化剂的回收再生变得非常简便。水相催化的有机反应，在药物合成、精细化学品合成、石油化学品和农业化学品的合成及高聚物和塑料的合成等方面有广阔的应用前景。其创新性的研究为传统上只能在惰性气体和有机溶剂中进行的有机合成反应开辟了一个崭新的领域。

传统的化学工业给环境带来的污染已十分严重，目前全世界每年产生的有害废物达3亿～4亿吨，给环境造成危害，并威胁着人类的生存。化学工业能否生产出对环境无害的化学品？甚至开发出不产生废物的工艺？有识之士提出了绿色化学的号召，并立即得到了全世界的积极响应。绿色化学的核心就是要利用化学原理从源头消除污染。

绿色化学又称环境友好化学，它的主要特点是：

1. 充分利用资源和能源，采用无毒、无害的原料；

2. 在无毒、无害的条件下进行反应，以减少废物向环境排放；

3. 提高原子的利用率，力图使所有作为原料的原子都被产品所消纳，实现“零排放”；

4. 生产出有利于环境保护、社区安全和人体健康的环境友好的产品。

绿色化学给化学家提出了一项新的挑战，国际上对此很重视。1996年，美国设立了“绿色化学挑战奖”，以表彰那些在绿色化学领域中做出杰出成就的企业和科学家。绿色化学将使化学工业改变面貌，为子孙后代造福。

“废物”不“废”

煤可以说浑身是宝，甚至连它燃烧时产生的废气和烧过后留下来的煤灰、煤渣都有用处。

过去，很多工厂、矿山的烟囱里都冒着黑烟，特别是一些大厂矿的烟囱，简直是常年浓烟滚滚。由于烧煤的烟气里常常含有很多二氧化硫和烟尘，它们飘浮在空气中。人们通过呼吸把它们吸进去，就会引起呼吸道和肺部疾病，损害人体健康，同时还会影响工农业生产。

文化大革命以来，广大工人和革命知识分子相结合，大搞综合利用，除害兴利。经过近几年来的努力，改进燃烧装置，进行合理的空气调节，效果较好，现在许多烟囱已经不冒黑烟了，这对改善环境卫生，减少煤炭消耗，大有好处。不但如此，人们还把这些有害的东西回收起来，加以利用，为民造福。

早在1966年，我国就建成了第一座废气制酸厂，利用含硫烟气生产优质硫酸，既可以避免有毒气体污染空气，又可以综合利用资源，增产节约，一举两得。

再拿煤灰、煤渣来说，过去我们是把它们作为废物扔掉的，不仅影响环境卫生，成为城市垃圾的主要来源，而且运输和堆放这些废料需要大量的人力、物力，占用大片农田，对工农业生产都很不利。现在，煤灰、煤渣也已被我们大量地利用了。

用煤灰、煤渣加上其他一些材料制作成各种各样的建筑材料，比如水泥、砖瓦、砌块等等，这对合理利用工业废料和支援社会主义建设发挥了积极的作用。有人统计，1万吨煤渣能够制造450万块煤渣砖，可以用来建造2.5万平方米房屋。

人们对通过烟道除尘收集起来的灰粉进行了分析，发现里面竟含有许多种元素，其中锗和镓是两个鼎鼎有名的家伙。

锗和镓的化合物是良好的半导体材料，被誉为电子工业的“粮食”。它们在地壳里的分布非常分散，是有名的稀散元素，可是有些煤的煤灰却成了提取锗和镓的“仓库”。

想不到吧，神通广大的半导体——当前最重要的电子元件材料，竟同乌黑平凡的煤有如此密切的亲缘关系哩！

物尽其用　用之有道

我们应该走综合利用的道路。

物尽其用，这是我们的原则。

在烧煤之前，先把煤里面有价值的东西用化学加工的方法尽可能取出来，使煤里面的热能和有用物质都能得到充分的利用，这就叫做煤的综合利用。

早在170多年前，炼焦得到的焦油曾经被涂到木材和金属上，用来防止腐蚀，这可以算是煤炭综合利用的开始。

到19世纪后半叶，人们用焦油里的成分制造合成染料成功，这是用煤作化工原料的开端。

煤炭综合利用能给我们国家创造出更多的物质财富。现在，用煤炭作原料制成的直接提供使用的产品已有数千种。

煤炭综合利用的途径不少，炼焦就是最重要的途径之一。

炼焦又叫做高温干馏。它是把煤放在一种外貌像一栋没有窗子的平顶房屋那样的特殊炉子——炼焦炉里，隔绝空气，一直加热到1000℃左右。这样得到的主要产品是焦炭、焦油和焦炉气。

焦炭不仅是冶金高炉的“粮食”，而且可以用来制造煤气、电极、合成氨、电石等。电石除用于点灯照明和切割、焊接金属之外，还是生产塑料、合成纤维、合成橡胶等重要化工产品的原料。

焦炉气一方面是理想的发热能力很高的气体燃料，另一方面又是制造很多化工产品和合成材料的原料气。

至于焦油，它的丰富多彩的用途我们已经在前面讲过了。

100万吨煤经过高温干馏，可以获得3万～4万吨焦油，70万～80万吨焦炭，3亿～4亿立方米焦炉气，1万吨粗苯和1万吨硫酸铵，经济价值提高1倍多。

低温干馏也是一条煤炭综合利用的途径。它是把煤放在500～700℃的高温条件下隔绝空气加热，使煤分解，得到固体的半焦、液体的低温焦油和气体的低温干馏煤气。同高温干馏很相似。

100万吨煤经过低温干馏，所得半焦和低温焦油加工精制，得到的液体和气体燃料就基本上同直接燃烧100万吨煤所产生的热能相等，另外还额外获得1万多吨合成橡胶、6亿米合成纤维布和5万多吨硫酸铵肥料。

煤炭综合利用的途径还有几种，这里不再一一介绍了。

你看，通过煤的综合利用，能够收到多么大的经济效果啊！

这还不算。煤炭综合利用使质量很差的煤也找到了出路，减少了资源的损失和浪费。把煤炭就地加工，可以避免运输上的往返周折，减少这种笨重商品的运输量。煤炭综合利用还有利于消除公害，减轻环境污染……

“综合利用，身价十倍。”这话现在你该相信了吧！

玻璃刻字的秘密

很早以前，人们就寻找能在玻璃上刻蚀花纹的化学品，试过各种强酸，都没有成功；后来发现碱能腐蚀玻璃，然而即使是热的碱液，对玻璃的腐蚀也是很缓慢的，而且，不需要刻蚀的部位不好防护。如果把不要腐蚀的部位用蜡或漆涂盖，受热之后，它们也就被熔化或破坏了，根本达不到保护的目的。

然而，一物降一物。科学家在长期试验中终于找到了盐酸的兄弟——氢氟酸，这是个专门啃玻璃的好手。化学家们曾经用玻璃瓶子盛过氢氟酸，发现玻璃瓶很快就变成了不透明的毛玻璃瓶，连被氢氟酸熏过的灯泡也会变成磨砂灯泡。于是，人们开始用它来为玻璃刻蚀花纹。先在玻璃制品上均匀地涂上一层石蜡，不要暴露一点空隙。然后小心地用刻刀或专门工具在蜡层上划出刻度或图案，使要刻的地方的玻璃露出来。再涂上些氢氟酸，等一会儿之后，氢氟酸就会啃下一层玻璃。你如想刻得深一些，那就请多涂一两次。刻完了，用汽油或苯一类的溶剂擦去石蜡，玻璃上的花纹、字迹和刻度就清晰地显露出来了。于是，人们根据需要和爱好，可以随心所欲地在玻璃上刻字刻花做商标。现在，温度计上的刻度，玻璃仪器上的刻线和标记，冷水瓶和茶杯上的素色花纹及图案，大都是请氢氟酸“雕刻”的。

那么，氢氟酸为什么能腐蚀玻璃呢？我们已经知道，玻璃的主要成分是硅酸盐，具体地说，它是硅酸钙和硅酸钠的混合物。它们一遇上氢氟酸就与它化合，生成一种新的化合物——氟硅酸。这种化合物遇热会升华，又能溶于水，所以玻璃一经腐蚀之后，就留下了清晰的刻纹。玻璃刻字的秘密说穿了竟也如此简单。

气体元素之谜

QITIYUANSUZHIMI

氯气、高锰酸钾和食盐杀菌之谜

你把自来水的龙头拧开，自来水就哗哗地流出来。如果你稍为留心一下，就可以闻到一股轻微的气味。原来这是自来水厂用氯气消毒所留下来的“痕迹”。或许你会这样想，氯气是有毒的，准是它把细菌毒死了。这想法可错了。

其实，氯气能够灭菌，并不是因为它有毒。原来氯气溶在水中以后，它和水发生化学变化，生成一种很不安分的次氯酸。次氯酸遇见光或受热，它就会放出初生态的氧。初生态的氧就是原子状态的氧。一般的物质遇上了它，它就死缠不放，非和你结成一体不可，这就出现了强烈的氧化作用。

细菌遇上初生态的氧，氧就死抓住它，使细菌细胞体内的氧化还原系统彻底破坏，细菌也就非死不可了。氯气能够灭菌的内幕，就在这里。发光剂是铝粉或者镁粉，这些金属的粉末能够猛烈

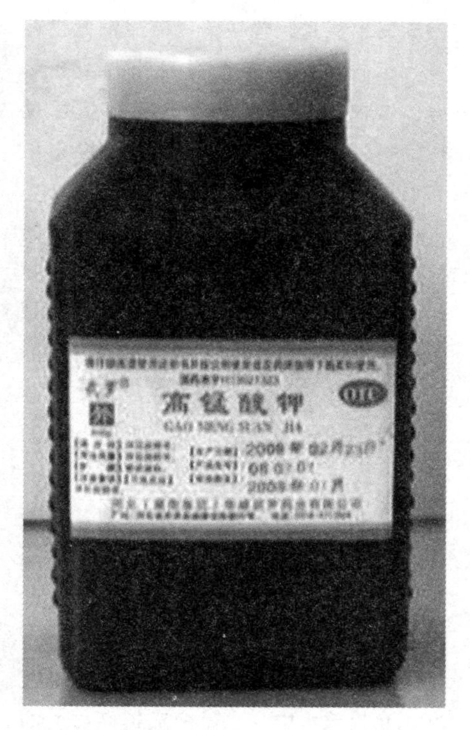

高锰酸钾

燃烧，射出白炽的光芒。在放了焰火后，半空中常常会飘落一些雪花般的轻灰，那就是金属燃烧后生成的氧化铝或氧化镁白色粉末。

发色剂要算是整个焰火中的主角了。焰火那缤纷的色彩，全依仗发色剂。发色剂并不神秘，其实就是些普普通通的化学药品——金属盐类罢了。原来，许多金属盐类在高温下，能够射出各种彩色的光芒。例如：硝酸钠与碳酸氢钠会发出黄光，硝酸锶发出红光，硝酸钡发出绿光，碳酸铜、硫酸铜发出蓝光，铝粉、铝镁合金会发出白光，等等。这种现象，在化学上叫做焰色反应。每种金属盐类在高温下，都会射出自己固有的彩色光芒。

不光是夺目的焰火用到这些奇妙的“染色剂”，人们还把它装在子弹、炮弹里，制成信号弹：在海洋上，红色信号弹是求救的讯号；在大沙漠里，迷路的人用信号弹问路、求救；在战场上，各种颜色的信号弹，更是整个部队行动的讯号。

在化验室里，人们有时候把从野外采来的各种矿物灼烧，借它们射出的彩色光芒，来判别在矿石里到底蕴藏着什么金属。

把几颗紫黑色的高锰酸钾（俗称灰锰氧）投放水中，水就变成嫣红可爱的溶液。

把杯、盘、碗、碟和不能剥皮的水果放在鲜红的高锰酸钾的水溶液中，泡二三十分钟，就有灭菌的妙用。因为高锰酸钾在水里，会跟水发生化学变化，像氯气在水中差不多，也会放出“凶狠”的初生态氧。高锰酸钾能置细菌于死地，也就是初生态氧的功绩。

氯气和高锰酸钾，尽管是不相同的物质，但它们灭菌的本领，却是殊途同归，同出一辙的。

氯气和高锰酸钾的灭菌能力很好，但你手边不一定有这些东西。当你吃无皮可剥的杨梅、杨桃或生葱的时候，也可以用浓盐水浸泡 30 分钟，同样能达到灭菌之效。

浓盐水为什么能把细菌弄死呢？说来有趣，当细菌落入浓盐水中，浓盐水就把细菌“身体”中的水大量抽出来，使细菌的细胞干瘪。细菌“身体”大量失水，体内的新陈代谢就紊乱或完全停止，这样细菌也就不能生存了。用浓盐水灭菌的道理，正在这里。

“捉氨”之谜

氨（NH_3），又名阿莫尼亚，它是一种无色而有独特刺激性臭味又极易溶解于水的气体。它广泛存在于人畜的排泄物中，并在人畜的粪尿或尸体腐烂时产生出来。所以我们可以这样说，自从有了人本身的那一天起，人们就感到了氨的存在——有时甚至还被它呛得睁不开眼！然而，人类真正把它作为一种气

体物质，发现它、“捉”住它、研究它，还是近300年间的事。

据有关化学史料记载，早在17世纪初，氨这种气体就被布鲁塞尔的医生、二氧化碳的发现人海尔蒙德发现了。后来，德国著名的化学家格劳贝尔又在17世纪中叶用人尿与石灰共热的方法制出了它。稍后，德国另一位化学家孔克尔发现，在动物残骸腐烂时，能产生一种看不到却很呛人的气体，但他仅仅记下了这一发现的经过。

在孔克尔这一发现之后的大约10年里，又有一个名叫S·赫尔斯的化学家发现，将石灰和卤砂（NH_4Cl）混合放入曲颈甑内加热，并将曲颈甑管插入水中，可以见到水槽中的水被曲颈甑倒吸入甑中的现象。这说明他在那时就已发明了我们今天的实验室制氨法。但是，由于他并不知道氨是一种极易溶于水的气体，所以尽管他已经看到了水被倒吸的现象，仍然认为“好像什么事情都没有发生！”就这样，他错过了一次千载难逢的成功机会。

又过了将近50年，捕捉氨的“接力棒”落到了英国化学家普利斯特里的手里。这位气体大王再次重复了赫尔斯用石灰和卤砂混合加热制氨的方法，但在收集氨气时，他巧妙地避开了水而使用了他自己常用的“排汞集气法”。由于氨是不溶于汞（水银）的，所以它终于被普利斯特里收到了瓶子里，并初步测定了它的组成。普利斯特里制得了纯氨，检验了氨的性质，还给它取名为“碱性空气”。今天看来，这个名字起得可能不甚合理，但在当时，由于人们刚刚开始研究空气，而且那时的“空气”概念与我们今天的“气体”含义接近，所以，为氨起这样一个突出其碱性的名字，的确已经很了不起了。与此同时，氨的碱性也为其他国家化学家所认识，并进而把氨叫做“挥发性碱性盐”等。

1780年前后，法国化学家贝托雷进一步测定了氨的组成，把其中氮、氢元素质量比精确到80%：20%，并再次叫它“挥发性碱”，阿莫尼亚的名字也是从那时开始流传下来的。

从那以后的二百多年里，人们不断地研究它、认识它，它的用途也随之得到开拓和发展，如今，制氨工业已经成为当今世界基本化学工业之一。无论学过化学还是没有学过化学的人无不晓得氨或阿莫尼亚的大名！

两只幸运的小白鼠——氧气之谜

1774年8月1日，英国化学家普里斯特利同往常一样，在自己的实验室里工作着。前几天，他发现有一种红色粉末状物质，用透镜将太阳光集中照射在它上面，红色粉末被阳光稍稍加热后就会生成银白色的汞，同时还有气体放出。汞是普里斯特利早已熟悉的物质，可那气体是什么呢？今天他想仔细研究一下。

小白鼠

普里斯特利准备了一个大水槽，用排水法收集了几瓶气体。

这气体会像二氧化碳那样扑灭火焰吗？普里斯特利将一根燃烧的木柴棒丢进一只集气瓶。啊，木柴棒不但没有熄灭，反而烧得更猛，并发出耀眼的光亮。看到眼前的景象，普里斯特利兴奋起来，他又将两只小白鼠放进一只集气瓶中，并加上盖子。过去普里斯特利也曾做过类似的实验，在普通空气的瓶子里，小白鼠只能存活一会儿，然后慢慢死去；在二氧化碳气的瓶中，小白鼠挣扎一阵，很快就死了。可是今天，两只小白鼠在瓶中活蹦乱跳，显得挺自在、挺惬意的！

这一定是一种维持生命的物质！是一种新的气体。

普里斯特利显然被激动了，他立刻亲自试吸了一口这种气体，感到一种从未有过的轻快和舒畅。普里斯特利在实验记录中诙谐地写道："有谁能说这种气体将来不会变成时髦的奢侈品呢？不过，现在只有两只老鼠和我，才有享受这种气体的权利哩！"

这是普里斯特利一生中最重要的发现之一，他用的那种红色粉末是氧化汞，用透镜聚集的太阳光加热（不是燃烧），氧化汞被还原为汞，同时释放出氧气。这就是说，普里斯特利通过实验发现了氧。

可惜普里斯特利当时是化学界中的"燃素说"学派，这种学派认为物体燃烧是由于其中的燃素被释放出来的结果。当他看到这种新气体表现出能积极帮助木柴燃烧的特性，认为这必定是一种缺乏"燃素"而急切地希望从燃烧的木柴中获得燃素的气体，所以他给这种气体命名为"脱燃素空气"。1774 年 10 月，普里斯特利来到巴黎，会见了法国著名的化学家拉瓦锡，并且向拉瓦锡介绍了他新发现的"脱燃素空气"。拉瓦锡不相信这种解释，他重复了普里斯特利的实验，也获得了这种新气体，然而他认为这是一种能帮助燃烧的气体。1779 年，拉瓦锡在推翻燃素说的同时，给这种被定名为"脱燃素空气"的气体重新定义。

水和空气中都含有大量的氧，氧是生命不可缺少的元素。这就是氧气被发现和被认识的故事。氧气是这样的重要，可是它却是看不见摸不着的物质，所以发现氧和研究氧是件了不起的大事。不过，还应该说明的是，发现氧气的人，除了普里斯特利外，还有一位科

学家舍勒，他是瑞典一位药店学徒出身的化学家。舍勒在1773年就发现了氧气，他根据氧气能帮助燃烧的性质，给新气体取名“火气”。可惜，他的研究著作《火与空气》在出版付印时，被拖延了3年，直到1777年才与读者见面，而这时普里斯特利的发现已为世人皆知了。所幸的是，科学界认为舍勒也是氧气的独立发现人之一。

人们一般公认发现氧的荣誉属于普里斯特利，1874年8月1日，在发现氧气100周年纪念日的那天，成千上万的人聚集在英国伯明翰城，为普里斯特利的铜像举行揭幕典礼；在普里斯特利的诞生地和墓碑前，也有许多科学家和群众前去参观、瞻仰；为纪念氧的发现，美国化学学会还选定在这一天正式成立。

难忘的“错误之柜”——溴之谜

1826年的一天，德国化学家李比希在翻阅一本科学杂志时，被一篇题为《海藻中的新元素》的论文吸引住了。论文的作者是一个陌生的名字，叫巴拉尔，23岁，法国人。文中写道：他在用海藻液做提取碘的实验时，发现在析出的碘的海藻液中，沉积着一层暗红色的液体。经过研究，它是一种新元素，这元素有一股刺鼻的臭味，所以给它取名溴。李比希一连看了几遍，突然快步走向药品柜，从架子上找到一个贴有“氯化碘”标签的瓶子。李比希擦去瓶子上的灰尘，摇了摇里边装着的暗红色液体，又打开瓶盖用鼻子嗅，啊，果然有一股刺鼻的臭味。

原来，几年前，李比希在做制取碘的实验时，按步骤向海藻液中通入氯气，以便置换出其中的碘来。他在得到紫色的碘时，还看到了沉在碘下面的暗红色液体。当时，李比希并没有多想，他甚至主观地认为：既然这暗红色液体是通入氯气后生成的，那么它一定是氯化碘了。他在装着这种暗红色液体的瓶子外边贴了一张“氯化碘”的标签，就将它搁置在一旁了。

此刻，李比希感到懊悔不已。假如当时自己稍微认真一点，那溴的发现就该属于自己、属于德国！然而，机会全叫自己错过了。李比希深深地谴责着自己。为了汲取这次教训，他把那只贴着“氯化碘”标签的瓶子，小心地放进一个柜子里。这个柜子，李比希给它取名叫“错误之柜”，里边集中了他在工作中的失败和教训。李比希时常打开这“错误之柜”看看，用来警戒自己。

后来，李比希取得了许多成就，成为德国著名的化学家。他在自传中曾专门谈到这件事，他写道：“从那以后，除非有非常可靠的实验做根据，我再也不凭空地制造理论了。”

巴拉尔的论文发表后，引起震动的还有另一位德国化学家，他叫洛威。洛威得到暗红色液体也在巴拉尔之前，可惜，他也没有做进一步地研究，也错过了发现的机会。

溴的发现告诉我们，科学是不讲情面的，成功只属于那些对新事物充满敏感，而在工作中又踏踏实实、锲而不舍的人。

溴是一种有窒息性恶臭的气体，有毒。它被用来制作溴化物、氢溴酸以及某些有镇静功能的药剂和染料等。

氮气为何重量不同——氩之谜

1892 年 9 月，在英国的著名科学期刊《自然》杂志上，刊登着这样一封读者来信：“不久前，我制取了两份氮气，一份来自空气，一份来自含氮的化合物。奇怪的是，它们的密度值却不相同，大约每升相差 5/1000 克。空气中的氮重些，虽经多次测定，仍消除不了这个差值。如果读者中有谁能指出其中的原因，我将十分感谢。”

写信的人名叫瑞利，是英国物理学家和化学家，英国剑桥大学卡文迪什实验室的主任。近十几年来，他一直在从事各种气体密度的精确测定，也就是，测量出它们在不同温度下，质量与体积的比值。实验本来进展得很顺利，可是不久前，当瑞利对氮气的密度进行测定时，却出了件怪事。情况是这样的：为了提高实验的准确度，他制取了两份氮气，一份是从空气中直接得到的，另一份是通过分解氮的化合物——氨制取的。瑞利想，假如用两份氮气测出的密度值相同，就说明自己的实验准确无误，在测定其他气体的密度时他也是这么做的。谁知结果出乎意料，取自空气的那份氮气，每升重 1.256 克；而分解氨得到的氮气，每升是 1.251 克，它们在小数点后第 3 位数字上出现了差异。瑞利反复检查自己的仪器，把实验重复了一遍又一遍，还改用其他的含氮化合物制取氮气，结果依然如前。瑞利无法解释这个现象，于是写了前面那封信，以寻求帮助。

可是，信刊出后，却如石沉大海。不过瑞利并没有因此放弃自己的研究，他又花了两年的时间和精力，继续测定氮气的密度。最后终于得出结论：凡是从化合物分解出的氮气，总比从空气中分离出的氮气轻那么一小点儿。他就此又写了一份科学报告，并于 1894 年 4 月 19 日在英国皇家学会上宣读。

这次不错，立即便有了回音。伦敦大学的拉姆齐教授找到他，对瑞利说：“两年前，我就在《自然》杂志上看到了您的信，不过当时我弄不清楚是怎么回事。这次听了您宣读的论文报告后，我突然想到是不是可以做这样的推测，从空气中得到的氮气里，含有一种较重的杂质，它可能是一种未知的气体。如果您不反对的话，我想接着您的实验继

续研究。”

拉姆齐的话使瑞利感到茅塞顿开，并欣然同意与拉姆齐共同研究这一课题。在会上，英国皇家研究院的化学教授杜瓦也向瑞利提供了一条重要线索。他建议瑞利查阅一下卡文迪什实验室的资料档案，据杜瓦所知，实验室的创始人、著名科学家卡文迪什也曾做过类似实验。

这两件事真让瑞利高兴，现在他和拉姆齐决心共同解开这个氮气重量之谜。

经过 4 个月的努力，1894 年 8 月，他们终于弄清楚，那从空气中提取的氮气之所以比重稍稍大一点，是因为其中含有密度比氮稍大的新发现的气体，它就是惰性元素氩。

英国物理学家汤姆孙有句名言：“一切科学上的重大发现，几乎完全来自精确的量度。”的确，如果没有瑞利和拉姆齐起初对两份氮气微小重量差别的注意和研究，怎么会有后来的重大发现呢。

氩是一种化学性质非常不活泼的惰性气体，常用来充填在电灯泡和日光灯管中，以延长其使用寿命。在航空、原子能和火箭工业中所使用的铝、镁、铍、锆、钛、钨以及高强度合金钢的焊接、切割和冶炼，常须在氩气的保护下进行。

不愿只看鸟飞翔——氟之谜

马克思有一句名言：“在科学的入口处，正像在地狱的入口处一样，必须提出这样的要求：‘这里必须根绝一切犹豫；这里任何怯懦都无济于事。’”

的确，科学的发展不仅要同腐朽事物、传统观念、宗教势力做斗争，而且科学研究本身，也往往需要付出高昂的代价，甚至流血和牺牲。元素氟的发现，就是一部科学家献身的历史。

氟是地球上所有元素中最活泼好动的，它能与几乎所有的物质化合，许多金属，甚至黄金都能在氟气中燃烧！氟若是遇到氢气，会立刻发生猛烈爆炸生成氟化氢。氟与氟化氢都是剧毒气体，因此要制取氟，是一件十分困难和危险的工作。

其实，关于氟的存在，人们很早就知道了，因为氟很活跃，处处可见它的踪迹。与氟打过交道的科学家也不少，然而就是捉不住它。

英国化学家戴维、法国化学家盖·吕萨克和泰纳尔都曾致力于分离氟的工作，但他们在吸入少量氟化氢气体后，都感受到很大的痛苦，只好放弃了研究。

英国皇家科学院院士诺克斯两兄弟在分离氟时，一个中毒死亡，另一个休养了 3 年才恢复健康。

比利时科学家鲁耶特和法国科学家尼克雷，都因为长期从事分离氟的实验，被氟夺去了宝贵的生命！制取氟实在是太困难、太危险了！然而，在这条艰难的道路上，一些不怕危险的人仍在勇敢地摸索前进。年轻的法国科学家穆瓦桑就是其中的一位。

穆瓦桑在仔细研究了前辈们的实验后，认为：用电解氢氟酸的办法来制取氟是不妥的，因为氢氟酸很稳定，难以分解，应当改用其他物质做实验。可是，穆瓦桑换了好几种化合物，都失败了。实验中，他还多次中毒，险些送了性命。

不过，这一切都没有动摇穆瓦桑制取氟的决心。1886 年 6 月 26 日，穆瓦桑将氟化钾溶解在无水氢氟酸中，进行电解，在电解槽的阳极上，终于得到了纯净的氟气。

他成功了！穆瓦桑的成功在科学界引起了轰动，因为许多化学家为之奋斗了 70 多年，现在几代化学家的愿望终于实现了！穆瓦桑为此获 1906 年诺贝尔化学奖。直到今天，工业上制取氟基本上还是采用穆瓦桑的方法。

氟的制取成功告诉我们，科学的道路是崎岖不平的，只有那些不畏艰险的人，才有希望攀上顶峰。飞机的发明人威尔伯·莱特讲得好：“如果你想绝对安全，那就坐在墙头上看鸟飞好了。”

的确，如果没有一些科学勇士们，我们只能永远看鸟飞了，还谈什么飞机、火箭、航天器，谈什么探索宇宙的奥秘呢？

在非金属元素中，氟最活泼，因此被大量用来氟化有机化合物。例如，用氟代替氯，可制得氟利昂－12，它是一种制冷剂，冰箱中曾都用它制冷，但由于它能破坏臭氧层，目前已被其他制冷剂取代；聚四氟乙烯还是“塑料王”，耐腐蚀、耐高温、耐低温。有趣的是，氟和氟化物都有毒性，但在饮水中加入微量无机氟化物，却可防治龋齿；加入微量氟化物的牙膏，也是一种防治牙病的药物牙膏。

杀人湖之谜

※神秘的水妖湖

在俄罗斯卡顿山区曾经发现过一个神奇的湖泊。那湖水明亮如镜，四周风光秀丽，湖面还会不断冒出微蓝色的蒸气，如临仙境一般。可当地人发现，怎么只见有人去，不见有人归！于是人们传说，湖中有妖怪专门杀害游人。这其中到底是怎么回事？

隔了数年以后，卡顿山区来了一位画家，听人说起水妖湖的故事，他怀着好奇心想，何不去冒险一游，兴许能创作出一幅好画来呢！

数天后，他一大早就出发，到了目的地，登高远望，啊，果然银白色的满面春风映在红色岩石之中，尽管满山寸

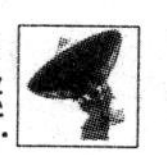

草不长，但风景奇丽。画家兴奋极了，立即拿出画板进行绘画。画家全神贯注地一连画了几个小时，初稿刚画好，他突然感到一阵恶心、头晕、呼吸急促，立即意识到可能要发生意外，于是他匆匆拿好了画稿，飞也似的离开了那里。回家后，他生了一场大病，差一点丢掉了性命。以后他常常会回忆起那段可怕的经历，可始终不明白那要置人于死地的湖的奥秘。

有一天，他家来了一位地质学家，在交谈中，他讲起了当年去水妖湖的经历，还拿出画请地质学家欣赏。地质学家看到画面上有一个小湖，周围山上尽是红色的岩石，湖面在阳光下升起微蓝色的蒸气。他好奇地问画家：“这是写生画，还是想象画?”画家说，完全是根据当时情景画出来的。地质学家若在所思，但一时也无法揭开这个谜。

后来，这位地质学家在用显微镜观察硫化汞矿石时，突然联想到画家的那幅画，他猜想那画中的红石头会不会是硫化汞矿石?银白色的湖水会不会就是硫化汞分解出来的金属汞（水银）呢?蓝色的微光会不会就是汞蒸气的光芒?

为了证明自己的想法，地质学家便带着他的助手和防毒面具对“水妖湖”进行了实地勘查。经过采样分析，他终于揭开了“水妖湖”的奥秘。

原来，在卡顿深山里有一个巨大的硫化汞矿，天长日久，硫化汞已分解成几千吨的金属汞并汇集成所谓的“水妖湖”，游人在湖上莫名其妙地死去，并非是水妖在作怪，而是被湖上散发的高浓度的水银蒸气所毒死的。

※尼奥斯湖

若干年前，位于西非高原的喀麦隆共和国曾发生了一起扑朔迷离的“集体谋杀案”。这个国家有个乡村的村民在一夜之间竟全部离奇死去，无一生还。事件发生后，当地政府立即组织一个调查组前往出事地点，法医对全部死者验尸后竟找不出死因。从现场看，死者既无挣扎，也无反抗的迹象，仿佛在熟睡之中。当地土著人称“凶手”是位于山顶一个名叫尼奥斯的湖泊。后来，美国地理杂志社的一个专门调查小组应邀前往调查。调查人员先从该湖中收集了湖水样品，经分析，该湖水中含有多种矿物质，有些矿物质含量之高甚为罕见，湖水中含二氧化碳的浓度更为惊人，因此，该地区不长任何生物。

为了解开“杀人”之谜，专家们继续留在该地区观察，并着重注意土著人所称的那种“白雾”。一天深夜，轮流值班的专家突然发现尼奥斯湖上空出现奇景，并立即叫醒其他同行，各人分别用望远镜观察。两三分钟内，一股灰白色烟雾从湖面升起，一直向空中升腾约有 150 米高，烟雾缓慢地在半空中凝聚，并形成奶油状的云层，然后向四面八方的山麓泻下来。科学家们意识到，“缉拿凶手”的良机到了。于是，每人戴上最先进的防毒面罩，立即赶往尼奥斯湖。他们在距离尼奥斯湖200米的地方不敢再越雷池半步，该湖发出隆隆的怪声，湖水沸腾。湖面不断地出现白色的烟雾，大地也在颤动，并有两三级地震发生。随着湖水的沸腾，浓雾也不断地上升，上升到一定高度后又一团一团地滚下山去。专家们取出氧气分析仪进行探测结果表明，气体中二氧化碳（CO_2）浓度高达98%～99%。科学家们终于找到了结果，这些白雾便是“杀人真凶”。

［问答题］尼奥斯湖的“杀人真凶”是什么物质________，使人致死的原因是________。

答案：二氧化碳；二氧化碳不供给呼吸，人因缺氧窒息而死。

※鲍威尔湖

鲍威尔湖位于美国亚利桑那州北部，是著名的旅游胜地，吸引着许多游人驾艇湖上度假。但是每年都会发生神秘的死亡事故，受伤者更是数以百计。

事故发生时，一般都是天气晴好，风和日丽，游人尽兴忘情快乐之时。

失事者都发生在船边戏水，突然惊厥，失去知觉。小孩们往往都是在父母严密注视的目光下毫无征兆地沉下去的。有一个年轻的妇女，在船尾游泳时突然死亡；一位男子为了解决游艇尾部的一个小故障，潜到水里后就再也没有出来，而他的儿子跳下去救父亲也发生了同样的悲剧；一位母亲为了不让女儿晒伤，把女儿叫回船边，给她抹防晒油。几分钟后女儿渐渐往水里沉，由于那位母亲抢救及时，才使得爱女逃过了死神之吻。

这一切是什么原因引起的呢？无人能破解其中之谜。菲尼克斯的急诊医生罗伯特·巴伦在鲍威尔湖边工作。自1995年以来他一直关注着湖上神秘的死亡与受伤事件，就是找不到答案。直到2000年夏天，一对哥俩的死亡才揭开了谜底。这天，8岁的弟弟和11岁的哥哥，兄弟俩在自家的游艇边嬉戏。大哥哥在船上看护着他们，不一会儿小兄弟俩往水里沉，船上的哥哥以为弟弟在逗他玩。当他回过神来明白是怎么回事时，为时已晚。这事件对罗伯特·巴伦触动很大。他仔细查看了游艇的发动机的排气口，终于发现小哥俩真正的死因不是淹死，找到了肇事者。由此他找到了死亡区域就在发动机附近水域。

［问答题］（1）请你把罗伯特·巴伦医生说的湖上游人神秘死亡的肇事者找出来________。

（2）鲍威尔湖上游人神秘死亡的肇事者是怎样产生的？________________。

答案：（1）一氧化碳

（2）油料在气缸里燃烧不充分，产生一氧化碳

燃烧之谜

※“鬼火”揭秘

在我国清代文学家蒲松龄所写的短篇小说集《聊斋志异》里，常常谈到“鬼火”。

旧社会里迷信的人，还把“鬼火”添枝加叶地说成是什么阎罗王出巡的鬼灯笼。

好吧，让我们走进化学实验室，看看“鬼火”究竟是什么。先在烧瓶里加入白磷与浓的氢氧化钾溶液，加热后，玻璃管口就冒出气泡，实验室里弥漫着一股臭鱼味儿。这时你迅速地把窗户用黑布遮上，就会看到一幅与田野上一样的画面：从玻璃管口冒出一个又一个浅蓝色的亮圈，在空中游荡，宛如“鬼火”。原来，这是一场化学之战：白磷与浓的氢氧化钾作用，生成了臭鱼味的气体——磷化氢。磷化氢在空气中能自燃放火，就形成了“鬼火”。实验时必须注意：磷化氢有毒，且很容易爆炸。

人类与动物身体中含有很多磷，死后腐烂了生成磷化氢，这就是旷野上出现的“鬼火”。

在田野上，特别是坟地中，不管白天还是黑夜，经常有磷化氢冒出，只不过因为白天日光很强，看不见“鬼火”罢了。

磷，是德国汉堡的炼金家勃兰德在1669年发现的。按照希腊文的原意，磷就是“鬼火”的意思。

※揭开燃烧之谜

普利斯特列发现氧气时，正在英国舍尔伯恩伯爵的图书馆里工作。两个月后——1774年10月，他随着舍尔伯恩伯爵到欧洲各国去旅行。

当他们经过法国首都巴黎的时候，普利斯特列应邀拜访了好客的法国著名化学家安·罗·拉瓦锡。他们在吃饭的时候，普利斯特列谈起自己两个月前的新发现。饭后，他在拉瓦锡的邀请下，把自己的实验表演了一遍。拉瓦锡看了这实验，深受启发。当普利斯特列告辞以后，拉瓦锡回到自己的实验室里，马上动手来做关于三仙丹的分解实验了。

拉瓦锡于1743年8月26日诞生在巴黎一个豪富的家庭里。他的父亲是巴黎有名的律师。靠着他阔绰的父亲，拉瓦锡从从容容地从一个学校毕业，又马上升学到另一个学校里。20岁时，他便在巴黎的马萨朗学院毕业，以后又念完了法律系，取得律师的头衔。

拉瓦锡是一个博学的人，精通好几门学科。从1769年开始，拉瓦锡把注意力转移到化学上来。

1774年，也就是在罗蒙诺索夫校核玻义耳的实验18年之后，拉瓦锡又重复做着这个实验。他同样地发现了：如果把容器密闭起来，加热后容器和金属的总重量没有增加；但是，如果敞着口加热，那么，容器和金属的总重量就会增加。

拉瓦锡很想寻找敞着口加热时，金属重量会增加的原因，但是，一直没有找到。

拉瓦锡重复做了普利斯特列的实验以后，又做了这样的一个实验：他在那个弯颈的玻璃瓶——曲颈甑里，倒进一些水银。然后，再把曲管的一端，通到一个倒置在水银槽中的玻璃罩里。

普利斯特列在实验中，是利用凸透镜聚集太阳光进行加热的。这样加热，一来火力不强，二来只能在中午加热一阵，不能长时间地连续加热，因此，拉瓦锡改用炉子来加热。

拉瓦锡把水银加热到将近沸腾，并且一直保持这样的温度，日夜不停地和他的助手轮班，加热了 20 昼夜！

在加热后的第二天，那镜子般发亮的水银液面上，开始漂浮着一些红色的“渣滓”。接着，这红色的“渣滓”一天多过一天，一直到第十二天，每天都在增加着。然而，12 天以后，红色的“渣滓”就增加得很少。到了后来，甚至几乎没有增加。

拉瓦锡感到有点惊异。他仔细地观察了一番，发现钟罩中原先的大约 50 立方英寸的空气，这时差不多减少了 7～8 立方英寸，剩下的气体体积为42～43 立方英寸。换句话说，空气的体积大约减少了 1/6。

剩下来的是些什么气体呢？拉瓦锡把点着的蜡烛放进出，立即熄灭了；把小动物放进去，几分钟内便窒息而死了。显然，在这气体中，没有或者很少有普利斯特列所谓的“失燃素的空气”。

接着，拉瓦锡小心地把水银面上那些红色的“渣滓”取出来，称了一下，重为 45 克。他把这 45 克红色“渣滓”分解了，产生大量的气体，同时瓶里出现泛着银光的水银——“戏法”又变回来了！

拉瓦锡称了一下所剩的水银，重 41.5 克。他又收集了所产生的气体，共 7～8 立方英寸——恰恰和原先空气所减少的体积一样多！这又是些什么气体呢？

拉瓦锡把蜡烛放进这些被收集起来的气体中，蜡烛猛烈地燃烧起来，射出白炽炫目的亮光；他投进火红的木炭，木炭猛烈燃烧，以至吐着火焰，光亮到眼睛不能久视。很明显，拉瓦锡断定这气体就是普利斯特列所谓的“失燃素的空气”了，而那红色的“渣滓”便是三仙丹。尽管拉瓦锡所做的实验，是受普利斯特列的启发而进行的，但是他的可贵之处，在于勇敢地摈弃了燃素学说那陈腐的观点。拉瓦锡决心用崭新的观点解释这一自然现象。他说：

“我觉得这注定要在物理学和化学上引起一次革命。我感到必须把以前人们所做的一切实验看作只是建议性质的；为了把我们关于空气化合或者空气从物质中释放出来的知识，同其他已取

得的知识联系起来，从而形成一种理论，我曾经建议用新的保证措施来重复所有的实验。”

从漫长而仔细的实验中，拉瓦锡终于得出了这样的结论：空气是由两种气体组成的。一种是能够帮助燃烧的，称为“氧气”（也就是普利斯特列所称为的“失燃素的空气”），氧气大约占空气总体积的1/6～1/5；另一种是不能帮助燃烧的，他称之为“窒息空气”——“氮气”，氮气大约占空气总体积的5/6～4/5。

更重要的是，拉瓦锡由此终于最后揭开了燃烧之谜，找到了真正的谜底：燃烧，并不是像燃素学说所说的那样，是燃素从燃烧物中分离的过程；而是燃烧物质和空气中的氧气相化合的过程。

例如，水银的加热实验便是这样：受热时，水银和氧气化合，变成了红色的“渣滓”——氧化汞（即三仙丹）。由于钟罩里的氧气，渐渐地都和水银化合了，所以加热到第十二天以后，氧化汞的量就很少再增加。然而，当猛烈地加热氧化汞时，它又会分解，放出氧气，而瓶中析出水银。

在1774—1777年之间，拉瓦锡做了许多关于燃烧的实验，像磷、硫、木炭的燃烧，有机物质的燃烧，锡、铅、铁的燃烧，氧化铅、硝酸钾的分解等等，而后他提出了燃烧学说：燃烧就是烧物和空气中的氧气化合的过程，在这一过程中同时产生光和热。

这样，拉瓦锡终于阐明了燃烧的本质，彻底粉碎了荒谬的燃素学说；就像一把扫帚似的，把这堆垃圾从化学领域中扫了出去。

恩格斯高度评价了拉瓦锡的功绩，指出：“当时在巴黎的普利斯特列……把他的发现告诉了拉瓦锡，拉瓦锡就根据这个新事实研究了整个燃素说化学，方才发现：这种新气体是一种新的化学元素；在燃烧的时候，并不是神秘的燃素从燃烧物体中分离出来，而是这种新元素与燃烧物体化合。这样，他才使过去在燃烧说形式上倒立着的全部化学正立过来了。即使不是像拉瓦锡后来硬说的那样，他与其他两人同时和不依赖他们而析出了氧气，然而真正发现氧气的还是他，而不是那两个人（即指普利斯特列和舍勒），因为他们只是析出了氧气，但甚至不知道自己所析出的是什么。”

在这里，应该补充说明一下的是，燃素学说尽管就其本质来说，是荒谬的、反科学的，但是，它是化学上第一个比较统一的理论，在18世纪初叶，对于化学的发展仍有一定的贡献——它曾把化学从混乱的状态中拯救出来，使当时凌乱如麻的化学知识系统化了。

正如一个民间故事所说的那样：一个年老的农民快要死了，他故意对自己3个懒惰的儿子说，地里埋着黄金。在他死后，儿子们天天到地里去挖黄金，虽然黄金没有挖到，倒因此翻松了地，而获得了丰收，金谷满囤。燃素学说在化学上也起过类似的作用：人们为了提取那神秘的要素（它正像那地里并不存在着的黄金一样），忙着在实验室里，用各种巧妙的方法进行实验，想提取燃素，结果虽然没有提取到什么燃素，但是，倒因此而发现了许多新的元素、化学反应和化学规律。

也正因为这样，恩格斯历史地、辩证地评价了燃素学说的作用："在化学中，燃素说经过百年的实验工作提供了这样一些材料，借助于这些材料，拉瓦锡才能在普利斯特列制出的氧中发现了幻想的燃素的真实对立物，因而推翻了全部的燃素说。但是燃素说者的实验结果并不因此而完全被排除。相反地，这些实验结果仍然存在，只是它们的公式被倒过来了，从燃素说的语言翻译成了现今通用的化学的语言，因此它们还保持着自己的有效性。"1789 年，拉瓦锡出版了他的名著《化学概论》。在《化学概论》里，拉瓦锡讲述了自己的实验，清楚地、令人信服地说明了燃烧的本质，批判了燃素学说。

拉瓦锡把自己的燃烧理论，归纳成这样 4 点：

1. 燃烧时放出光和热；

2. 物质只在氧气中燃烧；

3. 氧气在燃烧时被消耗；燃烧物在燃烧后所增加的重量，等于所消耗的氧气的重量；

4. 燃烧后，燃烧物往往变成酸性氧化物，而金属则变为残渣。

在这本名著中，拉瓦锡以大量的实验为根据，用更精确的科学语言，阐述了物质不灭定律。拉瓦锡写道："物质虽然能够变化，但是不能消失或凭空产生。"拉瓦锡还用数学的形式，严格地表达了物质不灭定律，他说："如果我把硫酸和一种盐一起加热，而得到硝酸和硫酸钾，那么，我完全可以确信这所用的盐是硝石（即硝酸钾），因为根据物质不灭定律，我可以把这场化学反应写成下列的方程式：设 X 为生成那种盐的酸；Y 为生成那种盐的碱，那么

（X＋Y）＋硫酸＝硝酸＋硫酸钾＝硝酸＋（硫酸＋钾的碱）

所以 X＝硝酸，Y＝钾的碱

这样，那种盐就必定是硝石（硝酸钾）了。"

在化学上，拉瓦锡是第一个根据物质不灭定律，用化学方程式来表示化学反应的，成为化学方程式的首创者。新生事物在一开始，常常遭到旧势力的非难。尽管在当时，拉瓦锡已经十分明白地揭示了燃烧的秘密，但是，仍然有一些化学家还不相信拉瓦锡的实验，死抱住燃素学说不放，连著名的普利斯特列在临死时还坚持燃素学说，罗维兹在 1786 年还企图用实验证明燃素的存在。但"一时强弱在于力，千秋胜负在于理"，真理不怕时间的考验。当时拉瓦锡的学说虽然未被普遍承认，燃素学说仍占上风，可是到了 18 世纪末，拉瓦

锡的学说终于被化学界普遍承认，燃素学说终于被推翻了。

※物质能在二氧化碳中燃烧之谜

二氧化碳常作为灭火剂用，那么，一切物质都不能在二氧化碳中燃烧吗？实际情况并不是这样，有些物质在二氧化碳中照样能够燃烧，关键在于要正确理解燃烧的概念和发生燃烧的条件。

让我们先回顾一下已做过的几个化学实验。

化学实验现象反应方程式。镁带的燃烧放热，发光，生成白色固态物质：

$$2Mg+O_2 \xrightarrow{点燃} 2MgO$$

木炭在氧气里燃烧放热，发出白光，生成物能使澄清的石灰水变浑浊：

$$C+O_2 \xrightarrow{点燃} CO_2$$

硫在氧气里燃烧放热，发出蓝紫色火焰，生成有刺激性气味的气体：

$$S+O_2 \xrightarrow{点燃} SO_2$$（二氧化硫）

铁在氧气里燃烧放热，火星四射，生成黑色固体：

$$3Fe+2O_2 \xrightarrow{点燃} Fe_3O_4$$

氢在氯气里燃烧发出苍白色水焰：

$$H_2+Cl_2 \xrightarrow{点燃} 2HCl$$

从上面可知，这些物质燃烧的共同特点是反应激烈，反应过程中都发光并放出热（氢气在氯气中燃烧同样也放热），化学反应的本质都属于氧化还原反应。什么叫燃烧？燃烧的定义是这样的："燃烧指的是可燃物跟空气里的氧气发生的一种发热发光的剧烈的氧化反应。"显然，从这个定义出发，燃烧需要有氧气参加。但我们学过氧化还原反应以后就会发现，有些反应同样是发热发光的剧烈的氧化反应，但并没有氧气参加，例如氢气在氯气里的燃烧。因此有必要将燃烧的定义加以扩充，以加深对燃烧概念的理解。我们知道，氧气是一种强氧化剂，在氧化还原反应中易得到电子而本身被还原。空气中含有大量的氧气，物质的燃烧绝大多数是在空气中进行的。所以大多数燃烧反应有氧气参加。但我们从上面也可以看到氢气能在氯气中燃烧，因为氯气也是一种强氧化剂，它与氢的反应同样是激烈的发光发热的氧化还原反应，因此也应该叫燃烧反应。这样，我们就可以把燃烧的定义扩充成"燃烧是发光发热的剧烈的氧化还原反应"。

消防用的泡沫灭火器中装有硫酸铝溶液和碳酸氢钠，当使用灭火器来灭火时，将灭火器倒转过来，硫酸铝溶液和碳酸氢钠相混合，反应产生大量的二氧化碳气体并同氢氧化铝形成泡沫喷射在已燃烧的物质上。因为二氧化碳比空气重，它与泡沫一起覆盖在燃烧物质表面使其隔绝空气，达到灭火的效果。二氧化碳所以能灭火，其内因是由于二氧化碳与燃烧物质不能进行反应，从而达到灭火的目的。

二氧化碳能用来扑灭一切燃烧的火

焰吗？不。因为二氧化碳中碳原子的化合价是+4价，为碳的最高化合价，它有可能得到电子变成+2价或0价。所以+4价的碳可以被还原，故二氧化碳是一种氧化剂。当它遇到强还原剂时也可以进行激烈的发光发热的氧化还原反应。例如，在盛满二氧化碳的烧杯里，放进点燃的镁带，可以观察到镁带在二氧化碳里继续燃烧。反应时，发出耀眼的白光，生成白色固态物质——氧化镁，同时在烧杯壁上附着黑色物质——碳。其反应方程式为：

$$2Mg+CO_2 \xrightarrow{\Delta} 2MgO+C$$

在这个反应中，镁从 CO_2 得到氧，使镁氧化，镁成为还原剂。而原跟氧化合成 CO_2 的碳从+4价变为0价，被还原成碳，所以我们说 CO_2 是氧化剂。除此以外，钾、钠、锌等活泼金属都能在二氧化碳中继续燃烧。

是不是能使二氧化碳的碳原子化合价降低的反应都叫燃烧呢？也不能这样说。例如，碳在高温下能与二氧化碳反应生成一氧化碳，其反应方程式为：$C+CO_2 \xrightarrow{高温} 2CO$，这个反应不放热，也不发光，而是吸热，故不能叫燃烧反应。

综上所述，燃烧是发光发热的激烈的氧化还原反应。二氧化碳常作为灭火剂，但不是所有的物质都不能在二氧化碳里燃烧。

熟悉的“霹雳”气味——臭氧之谜

1840年的一天，德国化学家舍恩拜因走进自己的实验室，准备开始工作。这时，他忽然闻到一股气味。啊，多么熟悉的气味！舍恩拜因立刻被带进了童年的回忆。那时候，舍恩拜因还是一个勇敢而又顽皮的孩子。一次，他在离家挺远的野地里，同几个小伙伴玩捉迷藏。他们正玩得高兴，突然天气骤变，翻滚的黑云压了上来，天空闪过几道亮光，跟着雷声大作，“轰隆隆、轰隆隆”，怪吓人的。直到暴雨如瓢泼般倾泻下来时，惊恐的孩子们才明白过来，他们赶紧跑到附近的一个草棚去躲雨。雷声越来越响，闪电像银蛇般在空中舞动，忽然，“轰”的一声巨响，远处一座高大的教堂被雷电击倒了。孩子们忘记了害怕，他们冲出草棚，拔腿朝教堂跑去。教堂里烟雾弥漫，到处是瓦砾和砖块，空气中还有一股刺鼻的臭味。大人们都惶恐地说：“啊！这是魔鬼进到教堂里了。”

可是，舍恩拜因却不相信，因为他早就注意到，每次雷鸣电闪之后，都能闻到这种味儿。舍恩拜因还给它取了个名字，叫“霹雳的气味”。只是，今天教堂里的气味，比平时闻到的要浓烈得多。

时间虽然已经过去28年了，可那

种特殊的气味舍恩拜因却忘不掉。今天，他刚进实验室，就又闻到了“霹雳的气味”。出于童年时代的好奇心和一个化学家的敏感，舍恩拜因感到必须尽快搞清这气味的来龙去脉。

毫无疑问，产生这气味的物质肯定就在实验室里。舍恩拜因赶紧关闭了门窗，开始一处一处地搜寻起来。很快他便发现，那“霹雳的气味”是从电解水的水槽中散发出来的。

舍恩拜因想：水是由氢、氧两种元素组成的，电解水时，会产生氢气和氧气。可是氢气和氧气是没有气味的，现在却出现一种奇怪的气味，那么，难道电解水时，同时还生成了其他的物质吗？一定要搞清楚。舍恩拜因开始了研究，在经过反复实验后，果然收集到一种新气体。这种气体的分子是由 3 个氧原子组成的，比普通氧气分子多 1 个氧原子。因为它有一种特殊的臭味，舍恩拜因叫它“臭氧”。

打雷闪电时，空气中的氧气受到放电的作用以后，有一部分转变为臭氧；电解水时，阳极上生成的氧气，受到电流的作用，也有一部分转变为臭氧，这就是舍恩拜因闻到的“霹雳的气味”。少量的臭氧能使空气清爽，雷雨之后空气格外新鲜，就是这个道理。

臭氧还是一种氧化剂，有强烈的杀菌作用，常用来消毒饮用水和净化空气。臭氧还存在于地球的上空，能吸收太阳辐射的短波射线，保护地球上的生命不受危害。

工业生产中的元素之谜

GONGYESHENGCHANZHONGDEYUANSUZHIMI

“塑料王”之谜

聚四氟乙烯是一种新型的塑料，在第二次世界大战期间才被发现，而正式生产还只是近些年的事。为什么聚四氟乙烯塑料被称为“塑料王”呢？

聚四氟乙烯的确不愧为“塑料之王”，因为它不具有许多塑料所具有的优良性质：聚四氟乙烯在液态空气中不会变脆，在沸水中不会变软，从-269.3℃的低温（离绝对零度只差4℃）到250℃的高温，都可应用。聚四氟乙烯又非常耐腐蚀，不论是强酸浓碱，如硫酸、盐酸、硝酸、王水、烧碱，还是强氧化剂，如重铬酸钾、高锰酸钾，都不能动它的半根毫毛。也就是说，它的化学稳定性超过了玻璃、陶瓷、不锈钢以至金子、铂。因为玻璃、陶瓷怕碱，不锈钢、金子、铂在王水中也会被溶解，然而，聚四氟乙烯在沸腾的王水中煮几十小时，依然如旧。聚四氟乙烯在水中不会被浸湿，也不会膨胀。据试验，在水中浸泡了一年，重量也没有增加，至今，人们还没发现，有任何一种溶剂，能够在高温下使聚四氟乙烯塑料膨胀。此外，聚四氟乙烯的介电性能也很好，它的介电性能既与频率无关，也不随温度而改变。

正因为聚四氟乙烯同时具有这么多难能可贵的特性，使它特别受到人们的重视。在冷冻工业、化学工业、电器工业、食品工业、医药工业上得到了广泛的应用。人们已经开始用聚四氟乙烯来制造低温设备，用来生产贮藏液态空气；在化工厂里，聚四氟乙烯更是极受欢迎，用它制造耐腐蚀的反应罐、蓄电池壳、管子、过滤板；在电器工业上，在金属裸线上包上15微米厚的聚四氟乙烯就能很好地使电线彼此绝缘。另外，也用于制造雷达、高频通讯器材、

短波器材等。

不过，聚四氟乙烯的成本比较高，加工比较困难，目前生产上还受到一定的限制。另外，在使用时要注意不要使聚四氟乙烯接触 250℃以上的高温，因为在高温下，它会分解，放出剧毒的全氟异丁烯气体。全氟异丁烯不仅本身有毒，而且遇水后，会分解出氟化氢，它也是一种很毒的气体。

外观尺寸、名称	指标名称	指　标
	公称工作压力	2.1 MPa
	气密性试验压力	2.1 MPa
	水压试验压力	3.2 MPa
	使用温度	-40～60℃
	内直径	400 mm
	公称容积	≥118 L
	最大充装量	49.5 Kg
	钢瓶重量	～47 Kg
	充装介质	液化石油气
	型　号	YSP 118

石油气

石油气变成橡胶之谜

我们手中拿一块橡胶，就会感到它是具有弹性、韧性和强度高的物质。正因为橡胶有这种优良的性质，几乎每一个工业部门都需要橡胶制品，甚至很多生活制品也离不开它。随着工业的飞速发展，对橡胶的需要越来越广泛，天然橡胶已不能满足需要，人们便开始探索获取橡胶的新方法。从 19 世纪开始，人们经过许多次科学实验，逐渐认识橡胶是碳氢化合物，由丁二烯和异戊二烯分子所组成。

既然橡胶能够分解成单体的丁二烯分子和异戊二烯分子，那么，在一定温度和压力的条件下，将异戊二烯分子和丁二烯分子聚合就可以生成合成橡胶，也就是人造橡胶。我国现在已经能够生产氯丁橡胶、丁腈橡胶、丁钠橡胶、丁苯橡胶等各种合成橡胶。

人们从生产实践中，发现石油气体中含有良好的制造橡胶的原料。

从石油中提炼出汽油以后，其中余下一部分蒸馏气体，我们叫它石油气。石油气是含有各种有机碳氢化合物的气体。石油气再经过高温裂解、分离提纯，就能得到制造合成橡胶的各种气体：如乙烯、丁烯、丁烷、异丁烯、异戊烯、戊烯、异戊烷等。乙烯在一定的条件下与水分子作用，可以合成乙醇；两个乙醇分子脱去水分子就生成丁二烯。丁烯和丁烷在高温下经过化学反应，同样可以生成丁二烯。丁二烯经过聚合就能变成丁钠橡胶，而丁二烯与苯乙烯共聚又能生成丁苯橡胶。丁二烯与丙烯腈共聚，则生成丁腈橡胶。同样，异戊烷和异戊烯通过高温裂解，可以生成异戊二烯；异戊二烯聚合就生成了异戊橡胶。现从石油气中可以提炼多种合成橡胶的原料。可见，合成橡胶不仅充分利用了丰富的石油工业资源，而且还具有比天然橡胶更优越的耐磨、耐热、耐寒、耐油、耐酸等性能。如丁苯橡胶比天然橡胶更耐磨；氯丁橡胶有极好的耐曲挠性能，可防火、耐酸、耐油；丁腈橡胶耐油性能更好。因此，合成橡胶是工农业生产、国防、科学研究十分需要的材料。

棉花做炸药之谜

棉花，是个斯斯文文的家伙。棉被里有棉花，棉袄里也有棉花，难道这些普普通通的棉花，可以变成炸药？

煤矿上使用的炸药

事实上，棉花真的可以做炸药。

按照化学成分来说，棉花几乎是纯净的纤维素。它与葡萄糖、麦芽糖、淀粉、蔗糖之类是“亲兄弟”——都是碳水化合物。

棉花容易燃烧，但是，燃烧时并不发生爆炸。可是人们把棉花（或棉子绒）与浓硝酸和浓硫酸的混合酸作用后，就制成了炸药，俗名叫做火棉。这是因为硝酸好像是个氧的仓库，能供给大量的氧，足以使棉花剧烈地燃烧。

火棉燃烧时，要放出大量的热，生成大量的气体——氮气、一氧化碳、二氧化碳与水蒸气。据测定，火棉在爆炸时，体积竟会突然增大 47 万倍！火棉的燃烧速度也是令人吃惊的：它可以在几万分之一秒内完全燃烧。如果炮弹里的炸药全是火棉的话，那么，在发射一刹那，炮弹不是像离弦之箭似地从炮口飞向敌人的阵地，而是在炮筒里爆炸了，会把大炮炸得粉身碎骨。因此，在火棉里还要加进一些没有爆炸性的东西，来降低它的爆炸速度。

你见过液态的氧气吗？在极低的温度、很高的压力下，无色无味的氧气会凝结成浅蓝色的液态氧气。把棉花浸在液态氧气里，就成了液氧炸药了。一旦用雷管起爆，爆炸起来，威力可不小。

棉花是很便宜的东西，液体氧也不太贵，自然，液氧炸药的成本也比较低廉。所以，液氧炸药与火棉可算是便宜的炸药了，被大量用来开矿、挖渠、修水库、筑隧道。经过硝酸或液氧处理的棉花，能成为人们移山造海的好助手。

塑料电镀之谜

一般所说的电镀，是指在基体金属（如铁、铜等）上面镀上一层薄薄的金属（如铬、镍等），目的是为了增强各种金属物品的防腐性能、耐磨性能，同时使它们更美观。

随着科学技术的飞跃发展，电镀的应用也越来越广，人们对于电镀的要求就不局限于在金属物品上镀金属，而考虑到也要在非金属物品上镀金属了。特别是塑料的广泛应用，过去的不少金属物品，现在大量地用塑料来代替，许多机械制造用塑料来做各种部件、零件，甚至原子能工业、火箭导弹、宇宙飞船也广泛应用塑料。还有各种精密仪器仪表的部件、零件以及飞机的外壳等，都要采用塑料制品，这样做可以大量地节约有色金属，缩短加工工时，减轻产品的重量，又可以提高产品质量。但是要做到在塑料制品上面镀上金属，并不是一件容易的事情，因为塑料与金属材料不同，塑料不是导体，不像金属材料那样可以直接电镀。怎么办呢？

科学家、工程师们经过研究实验，首先把塑料制品进行“粗化”，就是说把塑料制品的表面弄得粗糙些，使它能够吸附一层易氧化的物质，再经过氧化还原反应，使塑料品的表面有一层贵金属膜，再通过“沉铜”，使塑料品的表面沉积出金属铜。这样一来，塑料的表面因为有了一层金属，可以作为导体，于是就可以像金属物品一样来进行电镀了，同样可以镀上铜、镍、铬，使塑料品披上一层光亮的金属“衣服”。

雨衣发明之谜

在英国苏格兰的一家橡胶工厂里，有一个名叫麦金杜斯的工人。

1823年的一天，麦金杜斯在工作时，不小心把橡胶溶液滴到了衣服上。他发现后，赶紧用手去擦，谁知这橡胶液却好像渗入了衣服里，不但没有擦掉，反而涂成了一片。可是，麦金杜斯是个穷苦的工人，他舍不得丢弃这件衣服，所以仍旧穿着它上下班。

不久，麦金杜斯发现：这件衣服上涂了橡胶的地方，好像涂了一层防水胶，虽然样子难看，却不透水。他灵机一动，索性将整件衣服都涂上橡胶，结果就制成了一件能挡水的衣服。有了这件新式衣服后，麦金杜斯再也不愁老天下雨了。

这件新奇的事儿很快就传开了，工厂里的同事们知道后，也纷纷效仿麦金杜斯的做法，制成了能防水的胶布雨衣。

后来，胶布雨衣的名声越来越大，引起了英国冶金学家帕克斯的注意，他也兴趣盎然地研究起这种特殊的衣服来。帕克斯感到，涂了橡胶的衣服虽然不透水，但又硬又脆，穿在身上既不美观，也不舒服。帕克斯决定对这种衣服作一番改进。

没想到，这一番改进竟花费了十几年的功夫。到 1884 年，帕克斯才发明了用二硫化碳做溶剂，溶解橡胶，制取防水用品的技术，并申请了专利权。为了使这项发明能很快地应用生产，转化为商品，帕克斯把专利卖给了一个叫查尔斯的人。以后便开始大量地生产雨衣，“查尔斯雨衣公司”的商号也很快风靡全球。

不过，人们并没有忘记麦金杜斯的功劳，大家都把雨衣称作“麦金杜斯”。直到现在，“雨衣”这个词在英语里仍叫做“麦金杜斯”（mackintosh）。

铁蓝染料含铁之谜

几百年前，德国的化学工业居世界前列，但是在染料的制造上，却不及英国。为此，德国化学家李比希决定去英国进行考察。

在英国一家生产普鲁士蓝的工厂里，一口口巨大的铁锅架在火上，里边的原料沸腾着，又热又熏人。可是，工人们却不顾这些，拿着大铁铲在锅里使劲地搅动，铁铲与铁锅的剧烈摩擦声异常刺耳。李比希感到有点受不了，便对一位师傅说：“干嘛要这样用力搅呢？”

“知道吗，诀窍就在这里，搅得越厉害，染料的质量就越好。”说着，那位师傅又使劲地搅动起来。起初，李比希感到好笑。可是转而一想，这家工厂生产的染料的确是全欧洲最好的，其中必有缘故，也许奥秘真的在这刺耳的响声里呢。

回到住所后，李比希又仔细地回想着白天的情景，他想：“用力搅动铁锅，会使溶液更均匀，反应更完全，这是毋庸置疑的。不过，用力搅动时，刺耳的声音说明铁铲与铁锅在相互摩擦，摩擦时会怎么样？会磨下铁粉的。对！问题的关键恐怕就在这里。”

第二天一早，李比希便匆匆赶回柏林自己的实验室里。他在染料溶液中加进一些含铁的化合物，反应立刻变得剧烈起来，得到的染料颜色也十分纯正，一点不亚于英国生产的染料。

“奥秘原来在这里！”李比希开心极了。其实，这里的道理也很简单。普鲁士蓝又称铁蓝，它的主要成分是亚铁氰化钾。加入铁和铁的化合物后，当然有助于染料的生成了。

李比希在人们习以为常的现象里，能够从另一个角度想问题，因而发现了问题的关键。很快，德国也生产出了高质量的染料，而且在生产时无需用力搅动，工人也不用再忍受那刺耳的响声了。

芒硝是谁最早发现的

距今300多年，在意大利的那布勒斯城里，有位21岁的德国青年正在那里旅行。他叫格劳贝尔，后来成了一名化学家和药物学家。

格劳贝尔因为家境贫寒，没有进大学深造的条件，他便决定走自学成才的路。格劳贝尔刚刚成年时，他就离开家，到欧洲各地漫游，他一边找活儿干，一边向社会学习。可是很不幸，格劳贝尔在那布勒斯城得了“回归热”病。疾病使他的食欲大减，消化能力受到严重损害。看到格劳贝尔一天比一天虚弱，却又无钱医治，好心的店主人便告诉他：在那布勒斯城外约10千米的地方，有一个葡萄园，园子的附近有一口井，喝了井里的水可以治好这种病。格劳贝尔被疾病折磨得痛苦不堪，虽然半信半疑，还是决定去试试。奇怪的是，他喝了井水后，突然感到想吃东西了。于是，他一边喝水，一边吃面包，最后居然吃下一大块面包。不久，格劳贝尔的病就痊愈了，身体也强壮起来。回到家里，他便把这件稀奇事告诉了亲友。大家都说这一定是神水，天主在保佑他呢！格劳贝尔自然是不相信这一套的，可究竟该怎么解释呢？

这件事像是有股魔力，时时缠绕着格劳贝尔。一天，他终于耐不住，又去了那布勒斯一趟，取回了“神水”。整整一个冬天，格劳贝尔哪儿也没去，关起门来一心研究着“神水”。他在分析水里的盐分时，发现了一种叫芒硝的物质。格劳贝尔认为，正是芒硝治好了自己的病。于是格劳贝尔紧紧抓住芒硝这一物质进行了大量研究，了解到它具有轻微的致泻作用，药性平和。由于人们历来就有一种看法，认为疏导肠道通畅对身体健康有极大好处，所以格劳贝尔认为自己得到了医药上重大的发现，把它称为“神水”、“神盐”，后来还把它称为“万灵药”，他相信自己的病就是喝这种“神水”治好的。

这是大约发生在1625年前后的事，化学还没有成为一门科学，格劳贝尔对万灵药的兴趣还带有炼金术士的色彩。1648年，格劳贝尔住进一所曾经被炼金术士住过的房子，把那个地方变成了一所化学实验室，在实验室里设置了特制的熔炉和其他设备，用秘方制出了各种化合物当做药物出售，其中包括我们现在称为丙酮、苯等液态有机物。

格劳贝尔不愧是一位启蒙化学家。至于格劳贝尔当年发现的“万灵药”芒硝，现在已经弄清楚，它是含十个结晶水的硫酸钠。硫酸钠在医学上一般用作轻微的泻药，更多的用途是在化工方面：玻璃、造纸、肥皂、洗涤剂、纺织、制革等，都少不了要用大量的硫酸钠；冶金工业上用它做助熔剂；硫酸钠还可用来制造其他的钠盐。

瞧，要是当初格劳贝尔痊愈后，以为万事大吉，不再去深追细究，哪里会有以后的这么多发现呢！为了纪念格劳贝尔的功绩，人们也把芒硝称为“格劳贝尔盐”。

应该说明的是，关于芒硝的医药效能，早在我国汉代张仲景的医著《伤寒论》和《金匮要略》，还有晋代陶弘景的《名医别录》中都有记载。所以，要说最早发现芒硝有医药效能的还应该是我们中国人。只可惜我们未能用科学的方法对它做进一步地研究。

葡萄酒桶里的硬壳——酒石酸之谜

1770 年的夏季，瑞典的天气异常炎热。有一天，斯德哥尔摩城里的沙兰伯格药房，运进了几大桶葡萄酒。工人们正把沉重的酒桶从马车上卸下来。这时，药房里一位年轻的药剂师走了过来。他打开桶盖，仔细看了看。葡萄酒质量是上等的，只是经过一路太阳的暴晒，桶壁上结了厚厚的一层淡红色的硬壳。

“咦，这是什么东西?”

显然，这硬壳引起了药剂师的兴趣，他刮下了一些硬壳，拿回自己的房间。

这位药剂师名叫舍勒，他从 15 岁开始到药房当学徒。舍勒没有进过大学，但他勤奋好学，对化学特别感兴趣，喜欢动手做各种实验。他利用沙兰伯格药房的丰富藏书和工作的便利条件，自学了许多化学家的著作，还亲自动手检验了不少物质的化学性质。

晚上，舍勒兴冲冲地喊来了他的朋友莱齐乌斯。莱齐乌斯是位年轻的大学生，同舍勒有着相同的志趣和爱好，他们经常在一起讨论问题，做各种实验。舍勒拿出从酒桶里刮下的硬壳，他们用加热的办法把硬壳溶解在硫酸里，等冷却后便析出一种晶莹透明的晶体。

咦！这淡红色的硬壳是什么?

看着这块晶体，舍勒和莱齐乌斯琢磨开了：这到底是什么东西呢？它的味道是甜的，还是苦的？舍勒想，这东西既然是从葡萄酒的沉淀物中提取出来的，大概不至于有毒。他决定亲口尝一尝，便拿起一块晶体，用舌头轻轻舔了舔，嗯，原来它既不是甜的，也不是苦的，而是有一种类似酸葡萄的味道。他们又把晶体溶解在水里，经过几次实验，发现它有许多酸的性质。于是，舍勒和莱齐乌斯便给它取名为“酒石酸”。

酒石酸提取成功后，两位年轻人兴致勃勃地将他们的发现写成论文，寄给了瑞典皇家科学院。谁知道，世俗的观念使这两个无名小辈的研究成果遭到冷遇，他们的论文被搁置在一旁，无人问津。

舍勒等了很久，没有接到皇家科学院的答复。不过，他并没有因此灰心。舍勒想，自然界的植物中，一定还有许多不为人知的酸。于是，他按照发现酒石酸的方法，从植物中提取了许多种酸。1776 年，他制得草酸；1780 年，制得乳酸和尿酸；1784 年，制得柠檬酸；1785 年，制得苹果酸；1786 年，制得没食子酸。至于他们最早发现的酒石酸，并没有长期被埋没，它后来主要被用于食品工业，如制造饮料。酒石酸还可与多种金属离子结合，做金属表面的清洗剂和抛光剂。

瞧，这一个接一个的成功，不都来自于偶然沉淀在葡萄酒桶里的硬壳吗？

凯库勒的梦中发现是真是假

你很可能在中学化学课堂上听到德国化学家凯库勒（1829—1896 年）在梦中发现苯环结构的故事。如果你的化学老师忘了讲，那么你很可能在某一本面向少年儿童的科普读物中读到它。这个故事的背景是这样的：已知一个苯分子含有 6 个碳原子和 6 个氢原子，碳的化合价是＋4 价，氢则是＋1 价，有机物的碳原子互相连接形成碳链，那么在饱和状态下每个碳原子还应该与 2 个（在碳链中间）或 3 个（在碳链两端）氢原子化合，算上去 6 个碳原子应该和 14 个氢原子化合，比如己烷就是这样的。苯分子只有 6 个氢原子，说明它的碳原子处于极不饱和状态，化学性质应该很活泼。但是苯的化学性质却非常稳定，说明它和不饱和有机物的结构不一样。

苯究竟有什么特殊的分子结构呢？这个问题把当时的化学家难住了。凯库勒也对此百思不得其解。故事说：一天晚上，凯库勒坐马车回家，在车上昏昏欲睡。在半梦半醒之间，他看到碳链似乎活了起来，变成了一条蛇，在他眼前不断翻腾，突然咬住了自己的尾巴，形成了一个环……凯库勒猛然惊醒，受到梦的启发，明白了苯分子原来是一个六角形环状结构。

凯库勒是在 1865 年发表有关苯环结构的论文的。1890 年，在柏林市政大厅举行的庆祝凯库勒发现苯环结构 25 周年的大会上，凯库勒首次提到了这个梦。和后来的流行版本略有区别的是，他说他是在火炉前撰写教科书时做的梦的。这个故事很快传遍了全世界，不仅一般人觉得有趣，心理学家更是对它感兴趣。一百多年来，众多心理学家在提出有关梦或创造性的理论时，都喜欢以此为例。据说它是研究创造性的心理学文献中被举得最多的一个例子。

一个人是否做过某个梦，由他本人说了算，空口无凭，别人不好判断真假。凯库勒既然在 25 年后当众亲口说他做过这么个蛇梦，我们只好相信他了。不过凯库勒做的可不是一般的梦，而是与科学发现有关的，那就有可能找到支持或反对它的间接证据。美国南伊利诺大学化学教授约翰·沃提兹在 19 世纪 80 年代对凯库勒留下的资料做了透彻的研究，发现有众多间接证据能够证明凯库勒别有用心地捏造了这个梦故事。

其实关键的证据有一条就够了。凯库勒说他是受梦的启发发现了苯环结构的，如果我们能够证明在凯库勒之前已经有人提出了苯环结构，而且凯库勒还知情，那么，我们就可以认为凯库勒没有说真话。事实的确如此。沃提兹发现，早在1854年，法国化学家奥古斯特·劳伦在《化学方法》一书中已把苯的分子结构画成六角形环状结构。沃提兹还在凯库勒的档案中找到了他在1854年7月4日写给德国出版商的一封信，在信中他提出由他把劳伦的这本书从法文翻译成德文。这就表明凯库勒读过而且熟悉劳伦的这本书。但是，凯库勒在论文中没有提及劳伦对苯环结构的研究，只提到劳伦的其他工作。

所以，凯库勒是没有必要从梦中得到启发的。凯库勒编造这么个离奇故事的原因，可能正是为了不想让人知道他的重大发现与法国人有关。在当时的德国反法情绪很盛行，年轻时曾在巴黎留学的凯库勒也受到感染。沃提兹发现，凯库勒在一封信中把法国人叫做“狗崽子”。或许可以说，这是一种“爱国主义”的剽窃行为。

在凯库勒之前，还有别人提出苯是环状结构，其中值得一提的是奥地利化学家约瑟夫·洛希米特。他在1861年出版的《化学研究》一书中画出了121个苯及其他芳香化合物的环状化学结构。凯库勒也看过这本书，在1862年1月4日给其学生的信中提到洛希米特关于分子结构的描述令人困惑。所以即便凯库勒在1865年时已忘了劳伦提出的苯环结构，也还可以从洛希米特的著作那里得到启发，不必靠做梦。不过，洛希米特把苯环画成了圆形，而劳伦则是画成正确的六角形，更接近于凯库勒提出的结构式。所以，沃提兹倾向于认为凯库勒是从劳伦那里抄来的想法。

1990年，在沃提兹的组织下，美国化学协会举办了一次关于苯环结构发现史的研讨会。自此真相该大白了吧？并不。不仅科普文章、大众媒体继续对凯库勒的梦津津乐道，科学史学者、科学哲学家、心理学家也继续煞有介事地研究凯库勒的梦。在1995年《美国心理学杂志》还刊登了一篇长达20页的研究“凯库勒发现苯分子结构的创造性认知过程”的论文，探讨凯库勒的梦是什么样的心理状态。2002年举行的第四届创造性与认知国际会议上也还有人举凯库勒的梦为例。一个有趣的虚构故事是很难被枯燥的事实真相所取代的，尤其是当它可以被用来作为支持自己的学说的例证时更是如此。

生物的化学之谜

SHENGWUDEHUAXUEZHIMI

昆虫的“化学武器”之谜

各种昆虫都有许多“天敌”，它们随时都要注意防御。但是，它们各自的防御方法都不相同，有的会逃，有的会躲，有的会迎上去较量一番，有的利用自身携带的“化学武器”，施放有毒或有刺激性的气味，以抵御外敌。气步甲是一种小甲虫，又叫做放屁虫，在我国、日本、印度尼西亚等地均有分布。它身为黄色，有黑色斑点，长不过2厘米，攻击“敌人”的本领却很惊人。一旦遭到“敌人”追捕时，它便会从尾后喷出一团团烟雾，进行自卫。原来，它的体内有3个小室，分别贮有氢醌（音：kūn）、双氧水和酶。一遇到“敌人”，它便紧缩肌肉，使这3种化合物立即进入“反应室”，成为一种具有恶臭，并有刺激性的毒液——醌，瞬间即行爆发。根据科学工作者的计算：这些反应放出的大量热，能使混合物的温度高达100℃，在气体压力的作用下，可以将毒液喷出几厘米远，并且发出“哔叭”的爆炸声。它在4分钟里，可以连续爆发29次，真可谓是有效的“化学武器”了。对手经它这一威吓，早已退避三舍了，甚至连披着“盔甲”的犰狳（音：qiúyú）也望而生畏，拔腿便跑。如果它的毒液溅在人的皮肤上，人也会感到灼痛。

斑蝥（音：máo），又叫斑猪、龙蚝、地胆，是有毒的甲虫。它全身披黑色绒毛，并有黄色斑点，身长1～3厘米，我国各地均有分布。它在受到攻击时，便从足的关节处分泌出黄色毒液。这种黄色毒液里含有强烈的斑蝥素，毒性极大，能破坏高等动物的细胞组织。人接触到这种毒液，皮肤会红肿起泡。斑蝥素的毒性虽然很大，但是可以人药，早在南宋时代，杨士瀛著《仁斋直接方论》中就有记载。近10年来，斑蝥素及其类似物质具有抗癌功效，也为人们所重视。我国已开展了这方面的研究，经过临床试验也有一定效果。

生长在拉丁美洲巴拿马山谷的千足虫，全身有175个环节，每一个环节都生有毒腺，并能喷出高度麻醉和腐蚀性的物质。它一旦遇到“敌人”，全身各个环节一齐放出毒液，构成一个扇形喷射面，使“敌人”难以靠近，从而乘机逃之夭夭。它的毒液如果溅入人的眼里，便会使人马上失去视觉；沾在皮肤上，那块皮肤便会顿时感到麻木。不过，毒液的毒性消失后，眼睛的视觉、皮肤的感觉，便会恢复原状。许多昆虫就是靠多种多样的自卫本领，在生存斗争中保护自己的。

植物会“交谈”之谜

树木、花草、谷物、蔬菜种在哪里，便长在哪里。它们本身不能走动，也不能自己发声，那么，它们在同类之间是怎样传递信息的呢?

近几年来，科学家们做了大量研究，发现植物与植物之间是以某种特殊的方式“交谈”的。美国华盛顿大学的生态学家已证明，柳树遭到毛毛虫和结网虫袭击的时候，会释放出一种能影响邻近树木的化学物质，告诉周围的“同胞”及时采取防卫措施。

还有人发现，树木会以提高叶子的一种化学物质——苯酚的浓度来保护自己。一些科学工作者推测，新生叶子所以不那么吸引昆虫，其原因可能是嫩叶滋味不如老叶好，营养也少。令人惊奇的是柳树受到害虫侵犯时，不仅受侵害的柳树内部营养物质含量发生变化，而且也使周围未遭侵犯的树木的营养物质含量发生变化。周围树木是怎样得到信息的，真是一个谜。为了揭开这个谜，研究人员对受害树木作了细致的检查，发现它正在分泌一种化学物质，这可能就是它的“电报密码”。可是这“电报”是怎样发出去的呢?他们检查了树根，发现它们的根并没有连结。于是他们断定，这是靠风力传递的。他们又想，这种化学物质是树木自身的分泌物，还是有害昆虫的分泌物呢?他们在没有受到虫害的甜枫树上试验——用人工方法伤害它，结果它也分泌出自卫性的化学物质。研究植物分泌的用以传递信息和自卫的化学物质很有意义，一旦科学家们把这个奥秘揭开，就可以为人类提供一种很有效的控制虫害的手段。将来，如果能用人工方法合成这种化学物质，并把它喷洒在易遭虫害的植物上，激发它们分泌不合害虫口味的化学物质，使害虫望而却步，那就无须再用那些污染环境的杀虫剂，也可以保证植物生长得

更加茂盛。

疲劳的化学因子

南非科学家研究显示，疲劳的感觉源自一种名为白细胞介素－6（IL－6）的化学物质对大脑的刺激。这一发现有望帮助寻找治疗慢性疲劳综合征等疾病的方法。

人们通常认为，疲劳是过度劳累的肌肉无法发挥正常功能的结果。但越来越多的证据表明，在肌肉尚未过度劳累前，大脑就会发出“指令”，使人感觉疲劳，以防止肌肉过度运动而受损。

南非开普敦大学的科学家发现，白细胞介素－6是一种多功能细胞因子，在人体免疫系统中起重要作用。长时间锻炼之后，人体血液里白细胞介素－6的水平会上升到平时的60～100倍。给健康人注射白细胞介素－6，会使人感觉疲劳。

科学家对7名运动员进行试验。在他们进行万米长跑前，给其中一组注射白细胞介素－6，另一组注射安慰剂，然后记录长跑成绩。1星期后将两组人交换，再试验一次。结果，注射白细胞介素－6后，运动员的成绩平均要比注射安慰剂者慢1分钟左右。在万米长跑中，1分钟已经是相当明显的差异。

研究人员说，一些运动员在某段时间会感觉异常疲劳，无法正常发挥水平，这可能与体内白细胞介素－6过多有关。使用抗体阻止白细胞介素－6起作用，就有可能减轻疲劳感，缓解相关疾病的症状。不过，专家也同时指出，由于白细胞介素－6还有许多其他生理功能，阻止它起作用可能有负面影响，因此抑制白细胞介素－6这种方法在用于实践之前还需谨慎试验。

人类记忆的密码

记忆，是一种奇异的生命现象，吸引着众多的人去探索它。

早在远古时期，人们就对记忆现象产生了浓厚的兴趣。古希腊哲学家柏拉图叫它“火在蜡上烧成的景象”。但是脑子里的什么东西起着蜡的作用？外界的景象又是怎样烧进去的呢？一直是个谜。

近年来，人们逐渐认识到，记忆跟大脑中的化学变化有着密切的关系。

人们发现，人的记忆力跟大脑细胞的数量有关。著名物理学家爱因斯坦逝世后，神经组织学家仔细研究了他的大脑切片，发现他的大脑细胞数量远远超过一般人。人的记忆力不但与遗传因素有关，还与后天的勤奋有关。儿童的脑细胞数量比成年人多，就是因为有些脑细胞在后天得不到记忆的锻炼，才自行死亡。

美国科学家做了一个实验：他们对涡虫进行实验研究，每次在开灯的同时电击一下它，重复多次之后，这些虫子对灯光形成了条件反射，他们又把这些有记忆的虫子碾碎，给那些没有经过训练的虫子吃，结果这些虫子知道躲避灯光。因此科学家推测：这些虫子获得了某种记忆的化学物质；也就是说，记忆与化学物质有关。

后来，另一些科学家也做了一些实验，他们把大鼠放在一个有明室和暗室的笼子里，喜欢黑暗的大鼠总是躲在暗室里。科学家多次电击它们，把它们训练得害怕黑暗。然后把这些大鼠的脑子里的化学物质提取出来，注射到正常的白鼠脑子里，结果这些白鼠也害怕黑暗。

记忆导电跟哪些化学物质有关呢？

科学家对鼠脑子里的化学物质进行研究，成功地分离出微量记忆物质——一种由多种氨基酸组成的多肽分子。科学家人为，这些分子的不同的排列次序和组合的速度很快，从而在脑子里形成更多的蛋白多肽，对记忆有很大的影响，就像增加线路和电子元件就可以产生新的电子设备一样。另外一些科学家认为记忆跟乙酰胆碱有关。但是，记忆的化学物质到底是什么？记忆的过程到底是什么？现在还是一个未解之谜。

舍利子形成之谜

2002 年二三月间，安奉于陕西省扶风县法门寺的佛指舍利赴台湾巡礼，引起极大轰动。为确保佛指舍利在运送、巡礼期间的万无一失，两岸有关方面制定、采取了极其周密的安全保卫措施——在为坛城（放置佛指舍利的鎏金铜

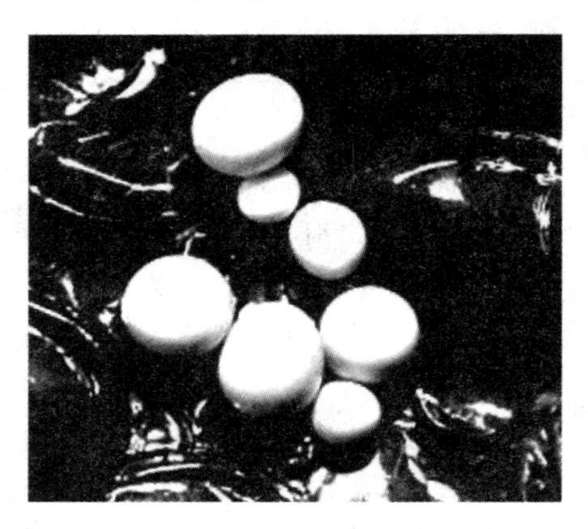

凤眼菩提舍利子

塔，重 63 千克、高 134 厘米）安装了重达 270 千克的防弹、防火、防震玻璃罩的同时，两岸佛教界 400 多人，乘 2 架专机随机护送；到台后，从机场到供奉佛指的台大体育馆，沿途 10 万信众恭迎，可谓万人空巷；安置佛指的舍利亭内装有红外线感应器和摄像头，可随时监控现场情况；与此同时，由大陆 24 名武僧、台湾 120 名金刚组成的护法团，与其他有关人员配合，组成 4 道屏障，24 小时护卫。这一切，足见佛指舍利的珍贵和重要！

如此兴师动众、牵动人心的佛指舍利究竟为何物？

舍利是指佛祖释迦牟尼圆寂火化后留下的遗骨和珠状宝石样生成物。据传，2500 年前释迦牟尼涅槃，弟子们在火化他的遗体时从灰烬中得到了 1 块头

顶骨、2块肩胛骨、4颗牙齿、1节中指指骨舍利和84000颗珠状真身舍利子。佛祖的这些遗留物被信众视为圣物，争相供奉。在历史烟云的变幻中，绝大多数舍利被散失、湮没、毁坏。不幸中的万幸，1987年在法门寺的地宫中发现了许多唐代古物，这颗世界上惟一的佛指舍利即在其中。出土时，佛指舍利用五重宝函包装着，高40.3毫米，重16.2克，其色略黄，稍有裂纹和斑点。据史料记载，唐时，该舍利“长一寸二分，上齐下折，高下不等，三面俱平，一面稍高，中有隐痕，色白如雨稍青，细密而泽，髓穴方大，上下俱通”。所记与实物吻合，只是颜色因受液体千年浸泡变得微黄了。

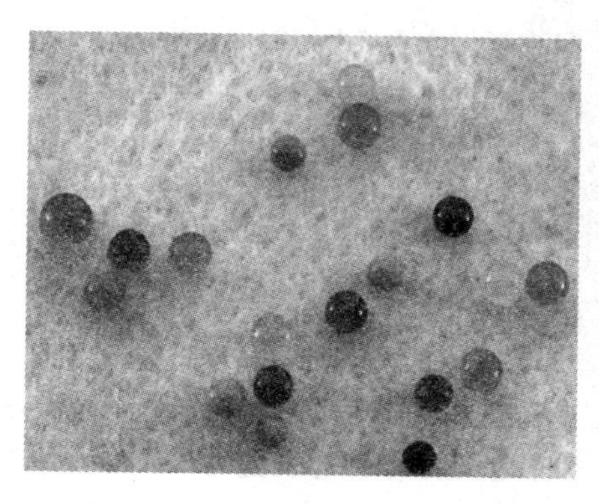

多彩的舍利子

在上述几种舍利中，珠状舍利子的生成至今是个谜。这种舍利子并非虚无缥缈的传说之物，因为在现代修行的佛教人士当中，圆寂火化后，也曾有此现象产生，尽管个例罕见。据《今晚报》1994年7月20日摘自《江南晚报》的一则报道：苏州灵岩山寺82岁的法因法师圆寂火化后，获五色舍利无数，晶莹琉璃一块，且牙齿不坏。尤为奇特的是，火化后其舌根依然完整无损，色呈铜金色，坚硬如铁，敲击之，其声如钟，清脆悦耳，稀世罕见。

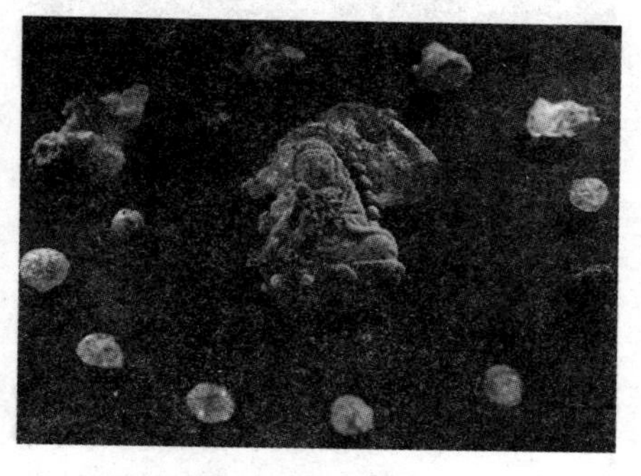

悟道法师圆寂焚出观音舍利子

遗体火化，不仅是个燃烧的过程，其实也是个熔炼的过程。上述珠状舍利子是身体中的哪些成分熔铸而成的？我们普通人，死后火化时有些人是否也能生成些舍利子？有人分析，佛教界的一些修行之士之所以能够生成舍利子，与其长期素食和饮山泉水有关。菜蔬和山泉中富含各种矿物质，经几十年积累，人体各部含量很多，圆寂火化后便“炼制”出了舍利子。此说是否正确，有待进一步研究。

《今晚报》还曾有这样的报道并附有照片：天津市大港医院在对一胆结石患者进行胆囊摘除术后，从其胆囊内发现大如蚕豆、小若米粒的结石近千粒。

舍利子存放的地方

说来，患结石症的人很多，结石也并不少见，多为水垢样，颜色难看。唯独这位患者的千粒结石，颜色各异，宛如雨花石和宝石，美丽奇特，堪称一绝（见1994年7月7日报纸）。这种宝石样的结石与舍利子的生成有关系吗？希望有朝一日科学家能解开这个谜。

疯子村之谜

20世纪30年代，在日本一个偏僻的农村小镇里，发生了一件奇怪的事情。村上先后有十多人发了疯病，这些人精神紊乱，行动反常，时而大哭，时而大笑，四肢变得僵硬……他们的罹病，给各自的家庭带来了灾难，也引起了人们的骚动，还惊动了当地政府和有关医疗部门。当地的警察局和医院派出了调查组，进行了大量的访问调查，检查了这些疯子的身体和血液成分，发现他们身体中所含有的金属锰离子的含量比一般人要高得多。正是这些锰离子使这些人中毒并发了疯。

过多的锰离子进入人体，开始时使人头疼、脑昏、四肢沉重无力、行动不便、记忆力衰退，进一步发展使人四肢僵死、精神反常，时而痛哭流涕，时而捧腹大笑，疯疯癫癫，呈现令人不安的神态。

那么，过多的锰离子又是从何而来的呢？原来，这个小镇的人们常常把使用过的废旧干电池随手扔在水井边的垃圾坑里，久而久之，电池中的二氧化锰，在二氧化碳和水的作用下，逐渐变为可溶性的碳酸氢锰，这些可溶性的碳酸氢锰渗透到井边，污染了井水，人们饮用了含有大量锰离子的水，便引起了锰中毒，造成了在短时间内有十多人发疯的怪事。

人体里化学元素知多少

古时候，人们就在猜想，人的身体是由什么物质组成的，这些物质又是一些什么异乎寻常的东西呢？早在18世纪，就有人发现，人的尸体经过燃烧后留下的白灰，是一些无机盐。这个发现引起了科学家的兴趣。从那时起，一百几十年来，科学家为揭开组成人体化学物质的秘密，作出了巨大的努力。

人体里有哪些化学元素呢？根据现代科学的测定，在人体里已经找到的元

素有几十种之多，人体的99%是由氧、碳、氢、氮、钙、磷、钠、钾、氯、镁、硫等十几种元素组成，这些化学元素叫做人体必要的大量元素。人体的其余部分（约占1%）是由铁、铜、锌、碘、氟、锰、溴、硅、铝、砷、硼、锂、钛、铅等许多种元素组成的，这些元素叫做人体的微量元素。

化学元素与人的生命和健康有着很大的关系哩！氧是地球上最多的元素，也是人体中最多的一种元素。大家知道，水是氢和氧两种元素组成的。一个体重50千克的少年，大约有30千克的水，而其中氧就占26千克，况且身体其他不含水的部分也含有氧。人在呼吸时，吸进的是氧气。人一星期不喝水才会造成死亡。但如果停止呼吸6～7分钟，便会死亡。一个13～14岁的少年，每分钟要呼吸20次左右，每次大约吸入1/3升氧气，一天需要9000升左右的氧气。你看，氧气对人的生命来说是多么重要呀！

人们知道，一切生命现象都离不开蛋白质。那么蛋白质是什么呢？经过化学家分析，发现氮是组成蛋白质的重要成分。比如：头发、指甲以及人体中的各种酶、激素、血红蛋白都是蛋白质。因此，可以说氮是生命的基础。

你们大概知道，那黑黑的木炭与煤就是碳（含有一些杂质）。难道碳也是人体里的重要元素吗？是的，人在呼吸时，吐出的是二氧化碳，这是人体中的碳与空气中的氧化合的结果；事实上，科学家早已发现，碳的足迹遍布人的全身。

人体的18%是碳。碳的化合物叫做有机化合物（少数简单的碳的化合物除外）。人的机体从头到脚，从里到外，几乎都是有机化合物组成的。人能站立，是靠体内的骨骼支撑住的，没有骨骼，人的体形是很难设想的。人的骨头的主要成分是磷酸钙，所以钙是长骨骼的原料。人体里的钙，99%在骨头中，骨头的坚硬就是由于磷酸钙沉积在里面的缘故。当骨头中缺少足够的钙与磷时，骨头就不能钙化（硬化），结果骨质就要软化。孩子比成年人更需要钙，就因为他们的骨头正在不断长大。血液中也含有一定量的钙离子，没有它，皮肤划破了，血液就很不容易凝结。钙和神经肌肉活动也有关系，当血液中钙的浓度降低了，外界只要有一点极轻微的刺激，就会使神经肌肉产生强烈的反应，甚至发生全身抽搐。

现在你该懂得钙对人体的重要了。也许你会说，多吃些钙粉或钙片就好了。不行！人一昼夜大约只需要吸收1克的钙。过量的钙，会引起人的心脏病。只要你不偏食，各种食物都吃，你所需要的钙是能从每天的食物中得到的。

人体里的磷大约有1千克左右。这个数量足够火柴厂生产几百只火柴盒，因为火柴盒两边涂的物质就是磷。磷在人体和生命中执行着好几个重要的任务。如果骨头里失去了磷，人体就会缩

加工后的食盐

做一团，不成一个样子。肌肉失去了磷，就会失去运动能力，你就不能打球跑步做游戏。在人的脑神经组织中，也有许多磷的化合物——磷脂，如果脑子失去了磷，人的一切思想活动就会立即停止。

食盐不仅是增进食欲的调味品，还是人体维持生命活动的必需品。你如果尝一下血液的味道，会感觉到血液具有咸味。正是这个缘故，人天天要吃盐。正常的人每天要吃 10～20 克的盐，一年大约要吸收 3～6 千克的盐，食盐的化学成分是氯化钠。人吃盐，就是为了吸收食盐里的钠离子。人体里如果缺少必要的钠离子，就会浑身无劲，并使一系列组织器官的功能紊乱，影响神经肌肉的活动，严重时甚至会死亡。

人体中第一个被发现的微量元素是碘。纯净的碘是紫色的。事情是从甲状腺开始的。甲状腺是靠近喉头的一个器官，它分泌甲状腺素，提高全身的新陈代谢，促进骨骼的生长发育。19 世纪末，一个化学家知道了甲状腺的显著特点是含有碘，而人体里所有其他组织都没有碘。到了 20 世纪初，有一个医生发现，一些内陆地区的居民与儿童的脖子，要比其他地区的人肥大，领扣扣不起来，甚至眼球突出，动作迟钝。后来经过研究，终于知道了：人体内大约有 20 毫克（相当于 1 小粒米的重量）的碘，人体每天大约需要 140 微克的碘。“大脖子病”（甲状腺肿大）就是由于缺乏少量的碘而引起的。

人体的血液总量为体重的 8%左右。一个体重 60 千克的人，血液总量约为 4.8 千克。一个成年人的血液里，大约只有 3 克铁，相当于 1 根小铁钉的重量。这些铁，有 3/4 是在血红素中。铁是制造血液里红细胞的主要原料。人体器官中，含铁最多的是肝和脾。血液中如果缺乏极微量的铁，血液的血红蛋白就会变得不足，从肺部运送到机体组织细胞去的氧气也就减少，影响人体的健康。严重缺铁时会引起贫血病，这时，脸色和皮肤苍白，头昏眼花，全身无力。

化学元素在人体内的作用，还可以列举出许多，但不论是人体内必要的大量元素，还是微量元素，只要缺少其中的任何一种元素，都会引起身体的变化。你看，研究和认识人体内的化学元素，是一个多么有意义的课题呀。